Bakhytzhan Kedelbaev
Kulzada Lakhanova
Darikha Kudasova

Hidrólise hidrolítica e hidrogenação de matérias-primas que contêm carbono

Bakhytzhan Kedelbaev
Kulzada Lakhanova
Darikha Kudasova

Hidrólise hidrolítica e hidrogenação de matérias-primas que contêm carbono

ScienciaScripts

Imprint
Any brand names and product names mentioned in this book are subject to trademark, brand or patent protection and are trademarks or registered trademarks of their respective holders. The use of brand names, product names, common names, trade names, product descriptions etc. even without a particular marking in this work is in no way to be construed to mean that such names may be regarded as unrestricted in respect of trademark and brand protection legislation and could thus be used by anyone.

Cover image: www.ingimage.com

This book is a translation from the original published under ISBN 978-620-2-06822-2.

Publisher:
Sciencia Scripts
is a trademark of
Dodo Books Indian Ocean Ltd. and OmniScriptum S.R.L publishing group

120 High Road, East Finchley, London, N2 9ED, United Kingdom
Str. Armeneasca 28/1, office 1, Chisinau MD-2012, Republic of Moldova, Europe
Printed at: see last page
ISBN: 978-620-7-95535-0

CONTEÚDO.

REFERÊNCIA.

Relatório 100c., 23 quadros, 25 figuras, fontes 106,

celulose, guza pai, pellets de cerveja, hidrólise hidrolítica e hidrogenação, glucose, xilose, sorbitol, xilitol, processo combinado (híbrido).

O objeto do estudo são as matérias-primas e os resíduos vegetais que contêm hidratos de carbono, incluindo os granulados de cerveja inm2016 e a polpa de guza-pai.

O objetivo do trabalho é a fundamentação técnica e o desenvolvimento de tecnologia para o processamento profundo de matérias-primas que contêm hidratos de carbono para produzir xilitol e sorbitol através da hidrólise hidrolítica química e enzimática e da hidrogenação de matérias-primas e resíduos vegetais que contêm hidratos de carbono, com base na utilização de um processo combinado (híbrido).

A metodologia de trabalho baseia-se no desenvolvimento da tecnologia de hidrólise química e enzimática e hidrogenação de matérias-primas e resíduos vegetais contendo hidratos de carbono (pellets de cerveja e celulose guza-paya), com base na utilização de um método combinado (híbrido).

A investigação sobre o estudo do processo de hidrólise química hidrolítica e hidrogenação da celulose de guza-paya e pellets de cerveja foi realizada, tendo sido desenvolvidos parâmetros de processo óptimos. Foi investigado o processo de hidrólise hidrolítica enzimática e de hidrogenação de pellets de cerveja. Como resultado, realizámos um processo combinado (híbrido) de hidrólise-hidrogenação para a produção de sorbitol e xilitol. Foram desenvolvidos catalisadores de nova geração para estes processos e a sua atividade foi investigada.

A influência da temperatura da experiência, do pH, da pressão de hidrogénio, da natureza do ácido utilizado, do agente redutor, da quantidade e da 3 natureza do catalisador aplicado, promotor de liga de ferro na conversão de polissacarídeos e seletividade para sorbitol, xilitol e manitol.

Os processos desenvolvidos permitem melhorar os processos tradicionais em termos de eliminação de numerosas fases de purificação e isolamento de produtos intermédios. Tornam possível a realização de um processo combinado (híbrido) de reator único para a produção de produtos químicos tão valiosos como o xilitol e o sorbitol.

Os resultados da investigação serão utilizados na fase seguinte dos trabalhos para determinar as propriedades físico-químicas dos contactos e identificar a correlação entre as propriedades catalíticas, de adsorção e físico-químicas; bem como para estudar a cinética e o mecanismo dos processos, os cálculos quântico-químicos e a modelização, que nos permitirão desenvolver tecnologias originais para a produção de xilitol e sorbitol, tendo em conta as exigências da tarefa técnica.

De acordo com os resultados da segunda fase da investigação, existe um parceiro comercial da SF LLP NPF "Anazher" para a implementação da tecnologia de produção de xilitol e sorbitol por hidrólise química e enzimática combinada (híbrida) e hidrogenação da celulose de guza-paya e pellets de cerveja.

INTRODUÇÃO

As matérias-primas e os resíduos vegetais que contêm hidratos de carbono são recursos alternativos muito promissores para a produção de compostos químicos valiosos. As suas vantagens residem na sua capacidade de renovação, ou mesmo na sua inesgotabilidade prática [1-4]. De particular interesse é a procura de tecnologias catalíticas de um processo combinado (híbrido) de fase única para a obtenção de substâncias valiosas diretamente a partir destas matérias-primas, excluindo as fases tecnológicas de separação e purificação de intermediários. A organização do processo numa única fase permite obter compostos como o xilitol e o sorbitol a partir de polissacarídeos vegetais por reação de hidrólise-hidrogenação. A investigação neste domínio é intensa em todo o mundo. Foi proposta uma vasta gama de sistemas catalíticos para transformações hidrolíticas de polissacarídeos renováveis, tais como sistemas catalíticos baseados em carbono, óxidos, zeólitos, resinas de permuta iónica. Foram desenvolvidos vários esquemas tecnológicos para a implementação de tais processos e foram propostas diferentes variações de métodos para o processamento numa fase de polissacáridos de matérias-primas e resíduos vegetais que contêm hidratos de carbono. No entanto, os dados da literatura publicados até à data sobre a utilização de vários sistemas catalíticos na transformação destes polissacáridos são muitas vezes contraditórios e os catalisadores propostos apresentam uma baixa atividade ou estabilidade. É de salientar que a maioria dos investigadores estudou exclusivamente a hidrólise dos polissacáridos em glucose, sendo extremamente reduzido o número de trabalhos dedicados à possibilidade de obter, por exemplo, a partir de pellets de cerveja e de celulose guza-pai xilitol e sorbitol como resultado de processos combinados (híbridos). No entanto, estes compostos são substâncias extremamente procuradas em muitos ramos modernos das indústrias química, alimentar, de perfumaria, médica e outras. Em particular, o sorbitol e o xilitol são amplamente utilizados na produção de surfactantes, resinas sintéticas, vernizes, azeite, vitamina C, produtos alimentares, etc. O aumento significativo, nos últimos 10 anos, do número de publicações científicas dedicadas ao processamento numa só fase de componentes da biomassa e, especialmente, de polissacáridos, indica a grande relevância do problema da sua transformação em produtos químicos valiosos como o sorbitol e o xilitol. Até à data, foi obtida uma grande quantidade de dados experimentais sobre a hidrólise da celulose em glucose, mas a informação sobre processos combinados (híbridos) numa fase para a produção de sorbitol e xilitol é insuficiente e os resultados descritos na literatura são frequentemente inconsistentes entre si.

A análise da literatura sobre o tema do trabalho mostrou que há uma série de problemas não resolvidos na área investigada, cuja procura de solução parece útil para a criação de tecnologias catalíticas eficazes para a transformação de matérias-primas e resíduos vegetais contendo hidratos de carbono em produtos químicos valiosos.

Relevância.

Atualmente, os esforços de muitas equipas científicas centram-se no desenvolvimento de novas formas, eficientes e ambientalmente seguras, de produzir álcoois poliatómicos a partir da biomassa vegetal. As suas enormes reservas naturais renováveis podem satisfazer plenamente as necessidades da indústria moderna em álcoois poliatómicos, o que é especialmente relevante dada a perspetiva de esgotamento gradual das reservas fósseis de hidrocarbonetos. Embora o processo combinado (híbrido) de hidrólise-hidrogenação de polissacarídeos em álcoois poliatómicos na presença de catalisadores heterogéneos contendo metais seja conhecido há bastante tempo, não existem praticamente estudos na literatura destinados a estudar a sua base físico-química. Obviamente, os resultados de tais estudos podem contribuir para o aumento da eficiência da conversão de polissacarídeos e tornar-se uma base fundamental para novas e melhores tecnologias de processamento de biomassa em produtos químicos valiosos. Assim, deve notar-se que, se mesmo uma pequena fração das fontes acima mencionadas for convertida em produtos úteis por meios químicos ou enzimáticos, isso proporcionará uma fonte muito tangível e, o que é importante, renovável de hidratos de carbono, substitutos de produtos petrolíferos, bem como compostos iniciais para a síntese microbiológica. As circunstâncias acima mencionadas determinam a relevância da investigação científica destinada a criar novas tecnologias para a hidrólise química e enzimática e a hidrogenação de polissacáridos de matérias-primas vegetais em álcoois poliatómicos.

Assim, a transformação de matérias-primas vegetais e resíduos contendo hidrocarbonetos renováveis em produtos químicos importantes para a indústria através de um processo combinado (híbrido) de fase única é de grande interesse prático e teórico.

Novidade do trabalho.

Foi desenvolvida a tecnologia de um processo combinado (híbrido) de uma fase de hidrólise química hidrolítica e hidrogenação da celulose de guza-paya e goma de cerveja, tendo sido revelados os parâmetros óptimos do processo. Foi investigado o efeito da temperatura da experiência, do pH, da pressão de hidrogénio, da natureza do ácido utilizado, do agente redutor, da quantidade e da natureza do catalisador aplicado, do aditivo promotor de liga de ferro na conversão de polissacarídeos e na seletividade para sorbitol, xilitol e manitol. O processo de hidrólise enzimática hidrolítica e de hidrogenação dos granulados de cerveja foi sistematicamente investigado. Como resultado, desenvolvemos um processo de hidrólise-hidrogenação combinada (híbrida) para a produção de sorbitol e xilitol e estudámos a cinética dos processos de despolimerização de polissacáridos. Foram desenvolvidos catalisadores de nova geração para estes processos.

Valor prático do trabalho

A tecnologia combinada (híbrida) de hidrólise química hidrolítica e de hidrogenação da celulose de guza-pai e de pellets de cerveja, desenvolvida numa só fase, pode ser utilizada com êxito na organização de empresas de transformação complexa de matérias-primas e resíduos vegetais que contêm hidrocarbonetos. A tecnologia combinada (híbrida) de hidrólise hidrolítica enzimática e hidrogenação de pellets de cerveja, para a qual foram determinadas as condições óptimas de realização do processo, é também muito promissora. As tecnologias desenvolvidas de hidrólise hidrolítica química e enzimática e de hidrogenação de guza-paya e de pellets de cerveja estão prontas para serem implementadas na produção industrial de direcções relacionadas.

Os objectivos da investigação para 2016 são:

1. Desenvolvimento da tecnologia de hidrólise química e enzimática e hidrogenação de matérias-primas e resíduos vegetais contendo hidrocarbonetos com base na utilização de um método combinado (híbrido)

2. Desenvolvimento de tecnologia para a síntese de uma nova geração de catalisadores de hidrogenação hidrolítica e em fase líquida e seleção de parâmetros de processo óptimos na sua presença.

Os resultados da investigação serão utilizados na fase seguinte do trabalho para determinar as propriedades físico-químicas dos contactos e para identificar a correlação entre as propriedades catalíticas, de adsorção e físico-químicas; bem como para estudar a cinética e o mecanismo dos processos, os cálculos quântico-químicos e a modelização, que nos permitirão desenvolver tecnologias originais para a produção de xilitol e sorbitol, tendo em conta os requisitos dos termos de referência. De acordo com os resultados da segunda fase da investigação, existe um parceiro comercial da SF LLP NPF "Anazher" para a implementação da tecnologia para a produção de xilitol e sorbitol por hidrólise hidrolítica química e enzimática combinada (híbrida) e hidrogenação de celulose guza-paya e pellets de cerveja.

1 Parte principal

Desenvolvimento da tecnologia de hidrólise química e enzimática e hidrogenação de matérias-primas e resíduos vegetais contendo hidrocarbonetos com base na utilização de um método combinado (híbrido)

As reservas mundiais de matérias-primas orgânicas fósseis, representadas pelo petróleo, gás natural e carvão, são enormes, mas mais cedo ou mais tarde acabarão por se esgotar. Como alternativa aos combustíveis fósseis, as fontes renováveis de energia e as matérias-primas orgânicas estão a ser cada vez mais utilizadas. A mais importante delas são as matérias-primas vegetais produzidas pela fotossíntese.

A biomassa é um recurso renovável e desempenha um papel importante na prevenção do aquecimento global do clima, diminuindo as emissões de dióxido de carbono. A produção de produtos químicos a partir da biomassa considera formas de converter a biomassa em sorbitol, etanol, ácido lático e outros produtos químicos úteis por meios enzimáticos ou químicos. Atualmente, o principal material utilizado para o bioprocessamento é o amido derivado do milho. Em termos de recursos dos principais constituintes estruturais das plantas que podem ser utilizados, a celulose está presente em quantidades muito maiores do que o amido. No entanto, não foram desenvolvidos métodos de conversão da celulose em produtos quimicamente úteis através da redução do seu peso molecular (despolimerização), pelo que este recurso se encontra atualmente praticamente inexplorado. Foi realizada uma grande quantidade de investigação no domínio da degradação da celulose por enzimas. No entanto, continuam a existir problemas importantes associados aos métodos enzimáticos devido às baixas taxas de reação e à necessidade de aumentar significativamente a atividade da enzima e de a separar do produto. A celulose tem a vantagem de ser uma matéria-prima vegetal renovável ou mesmo praticamente inesgotável. De particular interesse é a procura de tecnologias de métodos combinados (híbridos) de uma só fase para obter substâncias valiosas diretamente da celulose, excluindo as fases de isolamento e purificação dos produtos. A organização numa só fase permite obter a partir de polissacarídeos vegetais, por hidrólise-hidrogenação, um composto como o sorbitol, que é uma das fontes promissoras de matérias-primas para a indústria. (6). Entre as possíveis aplicações do sorbitol, um álcool de açúcar, podem ser mencionadas três das mais importantes. A primeira aplicação é como edulcorante, muito utilizado na indústria alimentar. A segunda área é a sua utilização como intermediário na síntese de compostos úteis, como a isossorbida, o propilenoglicol, o etilenoglicol, o glicerol, o 1,1-sorbitano e o ácido lático. A isossorbida, em particular, é também utilizada em processos modernos, como a copolimerização na produção de tereftalato de polietileno (PET), para produzir tereftalato de polietilenisossorbida (PEIT). O polímero PEIT tem uma temperatura de transição vítrea mais elevada do que o PET, pelo que se espera que seja utilizado em recipientes de plástico transparente que possam suportar água quente. $_{56}$Uma terceira aplicação é a sua utilização como intermediário na produção de hidrogénio e hidrocarbonetos líquidos (contendo principalmente C e C -alcanos) que podem ser reproduzidos a partir da biomassa. O hidrogénio é utilizado em células de combustível e os hidrocarbonetos são o material de base para a petroquímica.

1.1 . Métodos químicos para a hidrogenação hidrolítica e a hidrólise de matérias-primas e resíduos vegetais que contêm hidratos de carbono

O início dos estudos sobre os processos combinados de hidrólise e hidrogenação foi estabelecido na URSS por Balandin A.A. et al. que submeteram a celulose à hidrogenação hidrolítica na presença de ácidos fosfórico e sulfúrico concentrados e catalisadores contendo Ru, Pd e Pt. A combinação dos processos de hidrólise da celulose e de hidrogenação da glucose resultante permite obter rendimentos elevados de sorbitol e de outros polióis superiores. Isto é explicado pelo facto de a glucose formada durante a hidrólise ser hidrogenada em sorbitol a uma taxa elevada e, devido à baixa concentração de glucose livre na solução, a formação de subprodutos é reduzida [5].

PalkovitsR. et al. estudaram o processo de hidrólise e hidrogenação combinadas da celulose na presença de ácidos minerais diluídos [6-8]. Em [8], o processo foi realizado nas seguintes condições: pressão de hidrogénio 50 bar, temperatura 160°C, tempo de reação 1 ou 5 horas. Neste trabalho, foram utilizados catalisadores com 5 % de Pt, Pd ou Ru sobre carbono (Pt/C, Pd/C, Ru/C) na presença de 0,5 % ou 2,5 % de ácido sulfúrico ou fosfórico. É importante notar que, independentemente do tipo de metal do catalisador utilizado, foi obtida uma maior conversão da celulose nas reacções realizadas com ácido sulfúrico do que nas reacções realizadas na presença de ácido fosfórico.

A utilização do catalisador Pt/C em combinação com ácido sulfúrico proporcionou uma conversão máxima da celulose de 100 %, na presença do catalisador Pd/C a taxa de conversão atingiu 96 %. A utilização de ruténio como catalisador proporcionou um valor de conversão inferior (não superior a 74 %). A fim de investigar o efeito do tipo de metal na conversão da celulose, foram efectuadas experiências nas mesmas condições, mas na ausência de quaisquer catalisadores metálicos. A conversão máxima da celulose foi de 69% quando se utilizou ácido sulfúrico a 2,5% e o processo foi efectuado durante 5 horas. Assim, conclui-se que a presença de catalisadores metálicos em condições de hidrogenólise afecta a despolimerização da celulose e a quebra das ligações C-C e C-O. O efeito do tipo de metal no processo de hidrogenação hidrolítica da celulose também foi investigado por [9]. De acordo com os estudos, a atividade dos metais para a conversão da celulose diminui na série Pt>Pd>Ru. $_{56}$No entanto, as reacções que utilizam Ru/C como catalisador, independentemente do tipo de ácido, são caracterizadas por um elevado rendimento de polióis C -C . $_{6}$Na presença de catalisadores Pt/Si Pd/S, foram observados baixos rendimentos de polióis C5-C, independentemente das condições de reação. Os principais produtos destes processos são a glucose e a xilose.

O rendimento máximo de sorbitol (*33%*) foi obtido utilizando Ru/C na presença de 2,5% de ácido sulfúrico como catalisador e o tempo de reação foi de 1 hora.

A otimização do equilíbrio entre os dois sistemas catalíticos desempenha um papel importante na hidrogenação hidrolítica eficiente e selectiva da celulose. Quando os catalisadores ácidos dominam, a quantidade de glucose livre aumenta, o que causa uma perda de seletividade devido à sua degradação. Quando os catalisadores metálicos dominam, a perda de seletividade é causada pela hidrogenólise dos polióis superiores obtidos [10].

Em [11], os autores utilizaram apenas quantidades vestigiais de ácido mineral e um catalisador de dupla ação de ruténio à base de zeólito. A hidrólise sob a ação da água e de pequenas quantidades de ácido clorídrico decompõe a celulose em b-glucanos solúveis. As propriedades ácidas do zeólito promovem uma maior despolimerização dos b-glucanos em glucose, que é rapidamente hidrogenada sob a ação do Ru.

Na primeira fase do estudo, os zeólitos foram testados em reacções com ácido clorídrico pouco concentrado (35 ppm, concentração constante). O valor do pH foi de 3, o que é aceitável para muitos processos de produção. O rendimento mais elevado de hexitóis foi obtido quando se utilizaram zeólitos do grupo IZU com uma relação alumínio-silício > 15.

A etapa seguinte do estudo consistiu em otimizar a relação metal/ácido. Ao reduzir a carga metálica de 1,8 para 0,2 wt%, a seletividade após 24 h de reação aumenta significativamente, conduzindo a um rendimento máximo de álcoois de açúcar igual a 63%. O sorbitol e o manitol são os principais produtos da reação (a proporção de sorbitol foi superior a 20%). 45Outros subprodutos são o etilenoglicol, o 1,2-propanodiol, o glicerol e os isómeros C -C do poliol com diferentes graus de hidroxilação. A redução da carga de ruténio do ruténio pré-temperatura para menos de 0,2% em peso reduz a seletividade para os álcoois de açúcar. Isto deve-se à predominância das propriedades ácidas sobre as propriedades metálicas em solução, levando à perda de glucose devido à degradação térmica e ácida. Isto é confirmado pelo facto de que até 4% da glucose na mistura de produtos investigada é desperdiçada durante a reação intermédia. Posteriormente, a concentração de glucose volta a diminuir à medida que a hidrólise da celulose abranda.

O aumento da concentração de ácido clorídrico (106 ppm, pH = 2,5) acelera significativamente a conversão e a conversão completa ocorre após 3 horas. O estudo também comparou diferentes catalisadores. O catalisador Pt/H-ISU apresentou um fraco desempenho na hidrogenação da glucose, deixando até 25% nas fases intermédias do processo. O desempenho do catalisador Rn/H-IZU foi comparado com o catalisador convencional de carbono Jann. A quantidade de catalisador foi definida de modo a que a quantidade total de Ru fosse distribuída igualmente em ambas as reacções. O catalisador Ru/C proporcionou uma menor despolimerização dos oligómeros em glucose antes da hidrogenação. Este facto realça a vantagem do catalisador bifuncional Rn/H-ICU.

Em [12], foi desenvolvida a tecnologia de hidrólise ácida de pellets de cerveja para obter hidrolisados de pentoses enriquecidos com xilose. $_{24}$Foram encontrados os parâmetros tecnológicos óptimos da hidrólise ácida: concentração de 4,5% de H SO , temperatura de 100°C, duração do tratamento de 5 horas.

Neste sistema catalítico, a hidrólise é promovida pelo HCl e, em menor grau, pelos resíduos ácidos superficiais do H-USY. Isto cria um complexo de zeo-oligómeros solúveis e glucose, que são adsorvidos nos poros do zeólito onde os resíduos ácidos do zeólito despolimerizam os oligómeros em glucose. A glucose adsorvida está muito próxima dos grupos de ruténio do zeólito. Pode ser completamente eliminada por quantidades ainda mais pequenas de ruténio. Isto explica a elevada seletividade para a hidrogenação do excesso de Ru/H-USY na hidrogenólise, uma vez que ambas as reacções que ocorrem na superfície do ruténio são competitivas.

Os sistemas catalíticos que utilizam ácidos minerais apresentam uma elevada atividade e seletividade, conduzindo a uma rápida conversão da celulose em polióis, mas a aplicação destes sistemas é limitada pelas propriedades corrosivas dos ácidos e pela necessidade de neutralizar os resíduos resultantes.

Em [13], foi proposto um novo tipo de catalisador contendo Ru baseado em poliestireno super reticulado (CHC) para o processo de hidrogenação hidrolítica da celulose em água subcrítica.

Os resultados apresentados neste trabalho mostraram que a utilização de 1,0 % de catalisador Ru/CHC MN 270 permite obter um rendimento total de sorbitol e manitol em média de cerca de 50 %. A hidrogenação hidrolítica da celulose em água subcrítica utilizando catalisadores à base de CHC contendo Ru pode tornar-se a base para processos tecnológicos de conversão de biomassa celulósica em matéria-prima para síntese química e produção industrial de biocombustíveis de segunda geração.

Um método alternativo de hidrólise da celulose é a utilização de é heteropoliácidos comerciais (HPAs) [14, 15].

Os heteropoliácidos são ácidos complexos cujo anião é formado por dois óxidos formadores de ácido diferentes. Existem várias moléculas do outro por molécula de um deles [16]. Segundo os autores [17, 18], os heteropoliácidos apresentam uma elevada seletividade para a glucose na hidrólise da celulose e da celobiose. A utilização de heteropoliácidos em combinação com catalisadores de ruténio sobre carbono (Ru/C) para a conversão de celulose em álcoois de açúcar foi investigada por [14]. 4633434344As experiências foram realizadas com vários ácidos, mas a seletividade máxima para os álcoois de açúcar C - C foi demonstrada pelos ácidos de fósforo-tungstato H [P(W Oio)] (H PW)H [Si(W Oio)] (H SiW).

35O rendimento máximo de sorbitol foi de aproximadamente 30% quando se utilizou o ácido H PW com uma concentração de 17,4 mmol/L em combinação com o teor de metal Ru/C %.

Ambos os ácidos são reduzidos nas condições de reação, como indicado pela cor azulada da solução de reação fresca, mas re-oxidados à temperatura ambiente em contacto com o ar, acompanhada de descoloração [19]. A mudança de cor da solução não ocorre na ausência de hidrogénio. A reutilização do GPC, a titulação e o exame magnético nuclear da solução antes e depois da reação não revelaram qualquer alteração apreciável. 344343240Os ácidos H PW e H SiW possuem uma resistência mais elevada e uma estabilidade térmica e hidrolítica superior à de outros heteropoliácidos como o H [Si(Mo Oio)] e o H [PMoioV 0]. 3Estas propriedades explicam a elevada atividade catalítica dos heteropoliácidos H PW e FCSiW no processo de hidrólise da celulose. 4343024No caso do H [Si(Mo Oio)] e do H [PMoi V 0 o], obtém-se uma conversão de até 45%, mas o rendimento dos principais produtos é inferior a 5% [20].

Os autores [21] investigaram a hidrogenação hidrolítica da celulose em álcool de açúcar na presença de ácido e 5% de Ru/C em água. Este efeito é atribuído ao maior contacto entre a celulose e o catalisador, que promove um certo nível de despolimerização da celulose para obter um elevado rendimento de álcoois de açúcar.

Os autores [22] implementaram o processo de conversão direta de celulose em sorbitol na presença de um catalisador de ruténio multicomponente. Foi obtido um efeito positivo a uma temperatura de reação de 165 °C. Não foi observada qualquer desativação do processo nestas condições.

22Os autores [23] estudaram a hidrólise e a hidrogenação da celobiose no solvente ZnCI (4H 0) para otimizar as condições de conversão da lignocelulose (o recurso renovável mais abundante) em sorbitol. 2A água a pH neutro não permite a hidrólise da celobiose nas condições experimentais, mas ocorre a hidrogenação relativa da celobiose a 3-p-D-glucopiranosil-D-glucitol sobre um catalisador na presença de H.

É demonstrado que a conversão direta de celobiose em sorbitol é possível na presença do catalisador Ru/C, a uma temperatura de 125 °C durante 4 horas.

Os autores [29] realizaram o processo de conversão direta da celulose na presença de um catalisador bifuncional sobre catalisadores de duplo complexo contendo grupos sulfonato e nanopartículas. Foi obtido um elevado rendimento de sorbitol (71,1%) em solução aquosa neutra sem ácido de fase líquida a uma temperatura de reação intermédia de 165 °C. Não foi observada qualquer desativação mesmo após 5 reacções repetidas.

6°Os autores [25] mostraram a possibilidade de conversão direta de celulose em álcool C-açúcar a uma pressão de 4 MPa e a uma temperatura de 12O Cv na presença de um catalisador de ruténio. Este processo é considerado como uma plataforma de energia renovável natural de nova geração em vez de gás sintético.

Apesar das suas excelentes propriedades catalíticas, a separação da solução e a reutilização dos ácidos líquidos causam algumas dificuldades [26]. Por esta razão, os chamados sais de césio não estequiométricos insolúveis de heteropoliácidos, nomeadamente CsPW e CsSiW em combinação com o catalisador Ru/C[27], têm um grande potencial para utilização em processos de conversão de celulose. 32424023Uma solução aquosa de Cs CO (0,1 M) foi adicionada gota a gota a uma solução aquosa de heteropoliácidosH PW O4oou H SiWi O (0,08 M) sob agitação vigorosa. A suspensão branca resultante foi deixada durante a noite. Após vários ciclos de centrifugação e lavagem com água, a suspensão é seca a 60°C para formar um pó fino. O pó seco é calcinado durante 3 horas ao ar a 300°C ou 600°C. $_{300600}$As amostras correspondentes são designadas pelo sufixo 300 ou 600, por exemplo, CsSiW e CsSiW . A combinação de heteropoliácidos com catalisadores de hidrogenação como Ru/C mostrou uma eficiência de conversão bastante elevada de celulose em hexitóis, mas o rendimento de sorbitol foi bastante baixo.

No entanto, estes catalisadores não podem ser utilizados à escala industrial devido à dificuldade de preparação e ao longo tempo de processamento.

Embora os ácidos minerais líquidos, mesmo em condições de processo moderadas, sejam altamente activos para muitas reacções catalisadas por ácidos, incluindo a hidrólise da celulose, a sua utilização é dificultada por problemas associados às dificuldades de separação do ácido da solução e à subsequente e dispendiosa eliminação de resíduos. Os catalisadores ácidos sólidos têm uma série de propriedades positivas: elevada atividade e seletividade, longa vida útil e facilidade de recuperação e reutilização. Por conseguinte, a substituição de ácidos líquidos por catalisadores ácidos sólidos activos e estáveis é de grande importância para o desenvolvimento de processos químicos.

Foram efectuados avanços significativos na hidrólise da celulose utilizando ácidos sólidos, tais como ácidos carbonados sulfatados, ácidos à base de polímeros e ácidos sólidos magnéticos. $_3$Os ácidos sólidos carbonados são considerados os catalisadores mais promissores para a hidrólise da celulose, uma vez que permitem um bom acesso dos reagentes aos centros ácidos dos grupos SO H. Foram obtidos rendimentos elevados de glucose (até 75%) com 80% de seletividade a 150 °C durante 24 horas. No entanto, a separação da celulose ácida e não hidrolisada após a conclusão do processo necessita de mais investigação, uma vez que estes catalisadores e os resíduos de celulose têm propriedades físicas e químicas semelhantes [28]. A utilização de catalisadores que contêm grupos magnéticos permite obter rendimentos de glucose da ordem dos 50%, e o problema da separação do catalisador e da celulose não hidrolisada é resolvido pela aplicação de força magnética [29].

Naga et al. 3[30-33] desenvolveram um novo tipo de ácido sólido à base de carbono com uma elevada densidade de centros ácidos de Brønsted^O Ni UNO) através da carbonização pirolítica de açúcares como a glucose, a sacarose ou a celulose e, em seguida, da sulfidação dos carbonos resultantes. Estes carbonos sulfatados são altamente activos na hidrólise da celulose microcristalina para produzir sacarídeos solúveis em água, mesmo a baixa temperatura de reação (100°C), ao contrário dos catalisadores sólidos convencionais de ácidos fortes, como o ácido de nióbio, a H-mordenite e o Amberlyst-15 [31]. A área de superfície específica do catalisador sulfatado aumenta.

Este método de síntese de catalisadores de ácido sólido tem sido amplamente utilizado para encontrar novos catalisadores eficientes para a conversão da celulose. Opbas et al. [34, 35] utilizaram carvão ativado sulfatado (CA). Este catalisador proporcionou um rendimento de glicose de 41% e uma seletividade de 95% após 24 h de reação a 150°C para a hidrólise da celulose.

Em [36], foi resumido o material experimental sobre o estudo da hidrólise ácida de polissacáridos do resíduo de celolignina da madeira de lariço para o desenvolvimento de tecnologia para a produção de glucose cristalina.

A tecnologia desenvolvida com base neste método foi implementada na fábrica piloto da fábrica Milgrave em Riga. Com esta tecnologia foi possível produzir 200 kg de glucose comercializável e 170 kg de levedura forrageira comercializável a partir de 1 tonelada de madeira absolutamente seca (a.s.d.).

No entanto, as tecnologias acima mencionadas nunca encontraram a sua aplicação industrial devido a sérias dificuldades associadas à regeneração do ácido, à conceção dos aparelhos e aos requisitos de segurança ambiental da produção.

Um grupo de investigadores [37] desenvolveu um método de produção de glucose a partir de resíduos contendo celulose, que prevê a trituração das matérias-primas até uma fração com tamanho de partícula de 0,1-1,6 mm, o tratamento das matérias-primas com uma solução contendo 20-30% em peso de ácido acético, 2-5% em peso de peróxido de hidrogénio e 1,5-2,0% em peso de ácido sulfúrico a uma temperatura de 110-120°C e hidromódulo 5 durante 2-3 horas. A hidrólise com ácido sulfúrico concentrado é efectuada à temperatura ambiente num hidromódulo 3-5 durante 1-2 horas. A massa é diluída com água até um hidromódulo de 80-100 e a inversão é efectuada a 90-100°C durante 1-2 horas.

De grande interesse é o trabalho [38] relacionado com a transformação de matérias-primas renováveis (em particular, celulose) em matérias-primas para síntese química e biocombustíveis. Foi proposto o método de conversão catalítica da celulose em hexitóis, que inclui o processo de hidrogenação hidrolítica da celulose durante 3-7 minutos a uma temperatura de 240-250°C a uma pressão parcial de hidrogénio de 55-65 atm e com agitação do meio de reação na presença de um catalisador de ruténio. Como substrato do catalisador de ruténio, é utilizado poliestireno super reticulado de grau MN 270 e o teor de ruténio no catalisador é de 1,0 a 1,5 wt.% da massa do catalisador. A agitação da mistura reacional é realizada por meio de um agitador de hélice, cujo número de rotações é de 580-620 rpm.

Os autores [39] relatam um método para obter produtos de xilose e celulose para processamento químico a partir de biomassa contendo xilanas a cerca de 10-35% por matéria seca. De acordo com o método proposto, a pré-hidrólise da biomassa contendo xilanas é efectuada para obter hidrolisado de hemicelulose dissolvido e biomassa pré-hidrolisada não dissolvida. Posteriormente, procede-se ao fracionamento cromatográfico do hidrolisado de hemicelulose dissolvido, à nanofiltração ou à cristalização do precipitado para obter um produto de xilose com um teor de xilose de, pelo menos, 55% por teor de matéria seca do produto de xilose. Segue-se a cozedura com sulfato da biomassa pré-hidrólise não dissolvida para produzir celulose.

A utilização de nanocompósitos de silício-carbono sulfatado aumentou o rendimento de glucose até 50% com uma conversão de celulose de 61% sob condições de reação vanalógica [40]. Além disso, [41] relatou um aumento no rendimento de glicose de até

75% e conversão de celulose de 94% usando carbono mesoporoso sulfatado SMK-3.

A invenção [42], que diz respeito a um catalisador para hidrólise de celulose ou hidrólise de celulose e recuperação de produtos de hidrólise e um método para produzir álcoois de açúcar a partir de celulose, é bastante interessante. É descrito um catalisador para hidrólise de celulose e hidrólise de celulose e recuperação de produtos de hidrólise, no qual um metal de transição dos grupos 8-11 é depositado num substrato sólido. É também descrito um método para a produção de álcoois de açúcar, compreendendo: hidrólise da celulose na presença de um catalisador numa atmosfera contendo hidrogénio a pressão elevada, e recuperação de um produto de hidrólise da celulose. O efeito técnico é a fácil separação do catalisador do produto, a não necessidade de ajuste do pH, a neutralização de ácidos ou álcalis na obtenção de álcoois, a possibilidade de reutilização do catalisador sem a sua ativação e a obtenção de álcoois de açúcar diretamente a partir da celulose utilizando este catalisador.

$_{6}$Muitos outros catalisadores de ácidos sólidos, como o molibdato de nióbio em camadas (NMbMoO) [43] e os óxidos mesoporosos [44], juntamente com os ácidos sólidos convencionais, como o dióxido de zircónio sulfatado, têm sido utilizados na conversão da celulose, mas têm mostrado uma baixa atividade catalítica.

Os ácidos sólidos resolvem a questão da compatibilidade ambiental do processo, mas a sua utilização para a conversão da celulose em sorbitol e manitol não é viável devido aos rendimentos relativamente baixos [45].

Os líquidos iónicos são um grupo de sais orgânicos que existem como líquido a uma temperatura relativamente baixa (<100°C). Possuem uma série de propriedades atractivas, como a estabilidade química e térmica, a não inflamabilidade e a baixa pressão de vapor. Ao contrário dos compostos orgânicos voláteis tradicionais, têm sido amplamente utilizados como solventes amigos do ambiente [46]. Além disso, os líquidos iónicos podem estabilizar as nanopartículas de metais de transição, mantendo a sua pequena dimensão e grande área superficial e evitando a lixiviação das nanopartículas [47].

Os autores [48] investigaram o processo de conversão direta da celulose em álcool de açúcar. Foi selecionado o solvente iónico ideal, que apresentou os melhores resultados neste processo. Esta tecnologia resolve os problemas da tecnologia "verde" e de poupança de energia

Neste trabalho [49] foi proposto um novo tipo de catalisadores contendo Ci baseados em poliestireno super reticulado (СПС) para o processo de hidrogenação hidrolítica da celulose em água subcrítica. Os resultados apresentados neste trabalho mostram que a utilização do catalisador 1,0 % Ci/PSS WE 270 permite alcançar um rendimento total de sorbitol e manitol de cerca de 50% em média.A hidrogenação hidrolítica da celulose em água subcrítica com a utilização de catalisadores contendo i baseados em SPS pode tornar-se a base para processos tecnológicos de conversão de biomassa celulósica em matérias-primas para síntese química e produção industrial de biocombustíveis de segunda geração.

Em [50-53], os líquidos iónicos foram utilizados como solventes no pré-tratamento e na conversão da celulose. Foi demonstrado que a celulose pode ser dissolvida em alguns líquidos iónicos hidrofílicos, como o cloreto de 1-butil-3-metilimidazólio (BMIMCl) [54] e o cloreto de 1-alil-3-metilimidazólio (AMIMCl) [79].

Um método patenteado para a conversão de celulose utilizando líquido iónico [80] inclui os seguintes passos:

- contacto da matéria-prima celulósica com o líquido iónico no reator a uma temperatura inferior a 80°C, de preferência inferior a 70°C;
- fornecimento de gás contendo hidrogénio ao reator (pressão 10-50 bar);
- aumento da temperatura no reator de 80°C para 220°C.

$_{22}$As condições ideais para o processo são as seguintes: pré-dissolução de celulose em ZnCl x4H 0, 5 % Ru/C, pressão de hidrogénio 40 bar, temperatura do processo 130°C. Com um tempo de processamento de 50 minutos, o rendimento do sorbitol foi de 88,7%, com 360 minutos - 97%. A principal desvantagem do método é a dificuldade de separação do líquido iónico e dos produtos da reação, bem como o teor comparativamente elevado de ruténio no catalisador.

Os autores [57] acreditam que o ácido bórico pode quebrar a estrutura cristalina da celulose ao formar ligações com um grande número de grupos hidroxilo, aumentando assim a solubilidade e a atividade catalítica. Com base neste pressuposto, os autores desenvolveram um aditivo especial para líquidos iónicos.

O composto foi sintetizado por metatese entre o ácido borónico e o catião do i-butil-3-imidazol. Embora o composto (1) seja insolúvel em água, é completamente miscível com líquidos iónicos (cloreto de 1- i-butil-3-metilimidazólio ([BMIMJC1) e sulfonato de trixelyltetradecilfosfonodecilbenzeno ([TNTBR] - [DBS])).

Sem a adição do composto (1), foi obtida uma conversão de celulose de 15% utilizando nanoclusters [VM1M]C1Jnv [VM1M]C1 como catalisador [74]. No entanto, utilizando diferentes dadores de hidrogénio e na presença do aditivo (1), a celulose foi convertida com sucesso em hexitóis com elevado rendimento. Verificou-se que ambos os líquidos iónicos [VM1M]C1 e [THTdP] [DBS] eram igualmente eficientes quando o formiato de sódio era utilizado como fonte de hidrogénio. Além disso, na ausência de nanopartículas de ruténio e de hidrogénio, a celulose foi hidrolisada com uma conversão de 95% em glucose utilizando o composto (1) durante 5 h a 80 °C, provando a importância crucial do composto (1) na ativação das cadeias poliméricas de celulose.

$_2$Recentemente, surgiram relatórios sobre um método específico de transformação da celulose - hidrogenação com transferência de hidrogénio, em que o 2-propanol (álcool isopropílico) é utilizado como fonte de hidrogénio em vez de H [82]. O 2-propanol na superfície do catalisador desidrogeniza-se em acetona e liberta dois iões de hidrogénio, que participam na hidrogenação da glucose em hexitóis (Fig. 1).

A 190°C, após 18 h de reação no catalisador Ru/AC (Norit), obteve-se um rendimento de 43% de hexitóis (*34%* de sorbitol, 9% de manitol). $_2$Apenas uma parte dos iões de hidrogénio formados foi utilizada para a hidrogenação subsequente, tendo a maior parte sido libertada para a fase gasosa como H (com uma pressão parcial de 0,8 MPa) durante o período inicial de meia hora. Perante este facto, os autores determinaram que, com o mesmo catalisador, a hidrogenação da celulose era tão baixa a uma pressão de hidrogénio de 0,8 MPa como sem 2-propanol. Foram obtidos bons rendimentos de álcoois de açúcar (sorbitol 30 %, manitol 8 %). Após a investigação do catalisador Ru/AC, concluiu-se que o ruténio trivalente ou quadrivalente apresentava uma elevada atividade na reação de hidrogenação com transferência de hidrogénio, enquanto o RuO não apresentava qualquer atividade.

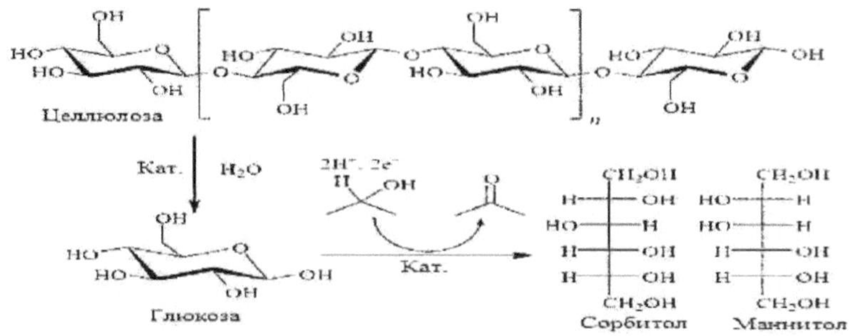

Figura 1 - Hidrogenação por transferência de hidrogénio da celulose em álcoois de açúcar [58].

1.2 Métodos enzimáticos de hidrogenação hidrolítica e hidrólise de matérias-primas e resíduos vegetais que contêm hidratos de carbono

Atualmente, a hidrólise enzimática é a forma mais popular de obter matérias-primas para a produção de produtos cosméticos, químicos e médicos. Este processo consiste na hidrólise de materiais que contêm amido utilizando enzimas. Regra geral, a biomassa alimentar que contém amido é utilizada como matéria-prima. A utilização de biomassa alimentar como matéria-prima aumenta o custo do processo. Para evitar a utilização deste tipo de matéria-prima, está a ser investigada a hidrólise enzimática de materiais celulósicos.

A produção de D-sorbitol está principalmente associada à hidrogenação da D-glucose e à hidrogenólise de matérias-primas que contêm glucose [59, 60]. O processo de hidrogenação pode ser realizado de diferentes formas: biotecnológica, eletroquímica e utilizando sistemas catalíticos homogéneos e heterogéneos. De entre os métodos listados, o método preferido é aquele que satisfaz um conjunto de requisitos - elevada eficiência, simplicidade de suporte tecnológico, minimização de custos, benefício económico e segurança ambiental. O método catalítico de produção de D-sorbitol por meio de sistemas catalíticos heterogéneos, atualmente utilizado na indústria química, satisfaz sobretudo estes requisitos.

Método biotecnológico de produção de D-sorbitol

Os processos biotecnológicos baseiam-se no funcionamento de células ou de estruturas biológicas delas isoladas, na maioria das vezes enzimas. Na produção em grande escala - produção de leveduras e bebidas, etanol, a maioria dos ácidos orgânicos e aminoácidos, polissacáridos, etc. - o processo de fermentação é realizado utilizando culturas activas e especialmente selecionadas de microrganismos. As estirpes microbianas são também utilizadas na biossíntese fina de antibióticos, vitaminas e hormonas [61]. Por exemplo, na presença de sistemas enzimáticos de microrganismos *Zymomonasmobilis*, o sorbitol é produzido a partir da glucose como resultado de uma reação redox [62-64].

Em 1984, ViikannBaiTown et al. [65] descobriram pela primeira vez a capacidade da bactéria anaeróbia *Zymomonasmobilis (Z. mobilis)* para sintetizar sorbitol a partir da sacarose ou da glucose e da frutose.

2asyaguyi8sorez[66] investigaram em pormenor o mecanismo bioquímico da síntese de sorbitol pela bactéria Z. mobilis. Mostraram que a glucose-frutose oxireductase (GFO) de 40000 Dalton é uma enzima tetromérica com nicotinamida-adenina-dinucleótido-fosfato (NADO) fortemente ligado. Esta enzima é responsável pelos processos de redução da frutose a sorbitol e de desidrogenação da glucose. Além disso, verificaram a presença de glucono-5-lactonase (GL), que hidrolisa a glucono-8-lactona em ácido glucónico (Fig. 2).

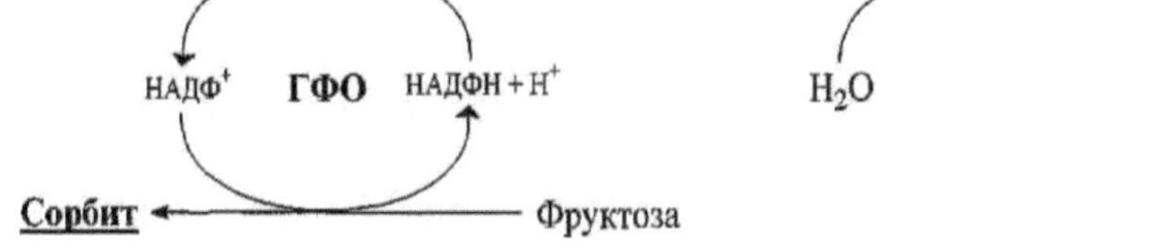

Figura 2 Conversão da glicose e da frutose em sorbitol e gluconato sob a ação do GFO

e do GL

A utilização da estirpe celular de Z. *mobilis* ATCC-29191 [67] para a bioconversão de soluções equimolares de glucose e frutose com concentrações até 600 g/l permitiu obter D-sorbitol e ácido glucónico com concentrações de 240 e 210 g/l, respetivamente. Em outras experiências, o brometo de cetiltrimetiltrimetilamónio foi utilizado como emulsionante ideal. As células livres tratadas com brometo de cetiltrimetilamónio atingiram uma seletividade de 98 - 99% com D-sorbitol e uma produtividade de ácido glucónico de 1,8 -2,1 g/($_{gclstok-h}$). Simultaneamente, verificou-se que a imobilização das células em k-carragenina conduzia a uma perda da sua atividade, o que resultava de uma dificuldade de difusão ou de uma inativação do GFO durante a imobilização.

Em [68], é proposto um método que pertence à engenharia genética e pode ser utilizado na indústria microbiológica. As leveduras ou fungos produtores de arabite são transformados com ADN que codifica a D- arabitol desidrogenase formadora de D-xilose e ADN que codifica a xilitol desidrogenase. As leveduras ou fungos transformados são então cultivados em condições que permitem a síntese de xilitol. O xilitol é extraído. As leveduras são selecionadas a partir de Lygosaccharomycesrouxii, Candidapolymorpha, Torulopsiscandida, Pichiafarinosa, Torulasporahansenii. Os fungos são selecionados a partir de Dendryphiellasalina e Schizophyllumcommune. O método converte fontes de carbono facilmente disponíveis, como a D-glucose, em xilitol.

Em [69], a celulose e a hemicelulose da biomassa são primeiro descristalizadas com ácido sulfúrico concentrado e sujeitas a uma primeira hidrólise, resultando num hidrolisado saturado de açúcar e ácido. Os óxidos de silício contidos na biomassa são então removidos e enviados para reciclagem. O resíduo sólido remanescente é então re-decristalizado e re-hidrolisado. A solução de açúcar resultante é então submetida a uma fermentação com microrganismos, predominantemente leveduras e bactérias, assegurando a fermentação simultânea de hexoses e pentoses. O método permite a produção de açúcares a partir de biomassa contendo celulose e hemicelulose, o que é económico e amigo do ambiente.

O artigo [70] descreve um método de pré-tratamento de matérias-primas que contêm celulose para hidrólise enzimática, que envolve a preparação de uma suspensão de matérias-primas e o tratamento com uma solução ácida. Como solução ácida, é utilizada uma solução de ácido nítrico com uma concentração de 2,8-6,5%. A solução é aquecida a uma temperatura de 98-100°C e mantida durante 1-5 horas. O produto obtido é filtrado e lavado. O miscanthus ou as cascas de frutos de cereais são utilizados como matéria-prima que contém celulose. A solução ácida utilizada no final de um ciclo é reforçada com ácido nítrico concentrado até uma concentração de solução de 2,8-6,5% e repetidamente utilizada de novo. A solução utilizada durante 18-25 ciclos é neutralizada com amoníaco para obter uma solução de nitrato de amónio para utilização como fertilizante.

Um método relacionado com a indústria microbiológica e alimentar e que pode ser utilizado na utilização de resíduos que contêm celulose é descrito em [71]. O método prevê o pré-tratamento de matérias-primas que contêm celulose, das quais se utilizam pellets de cevada ou de arroz ou fibra de algodão ou guza-paya, para destruir a estrutura cristalina e aumentar a sua superfície específica. Este tratamento é efectuado por extrusão. O extrudado obtido é submetido a hidrólise enzimática por preparações enzimáticas Asp. mix B 2000 ou Blmix ou celloviridin G20x, numa proporção em massa de enzima: extrudado 1-3:1-9, respetivamente. O método proposto é isento de resíduos, amigo do ambiente e pouco dispendioso, caracterizando-se por um elevado grau de bioconversão das matérias-primas com uma redução significativa do tempo necessário para a sua implementação.

Foi desenvolvido um método que inclui uma fase de hidrólise da biomassa que contém celulose para obter uma solução aquosa de açúcar [72]. A solução aquosa de açúcar obtida é então filtrada através de uma membrana de nanofiltração e/ou de uma membrana de osmose inversa. A solução de açúcar purificada é recolhida do lado da entrada e as substâncias inibidoras da fermentação são removidas do lado do filtrado. As referidas substâncias inibidoras da fermentação são um ou mais compostos de ácidos orgânicos, compostos de furano e compostos fenólicos. A invenção torna possível obter xarope de açúcar purificado de compostos inibidores de fermentação de uma forma simples e aumentar a eficiência da produção de fermentação de vários produtos químicos.

8yue1ga et al. [73] compararam a atividade de 6 estirpes de *Zymomonasmobilis* contra o D-sorbitol e o ácido glucónico.

A estirpe *Zymomonasmobilis* ATCC-29191 apresentou um crescimento relativamente bom e um rendimento elevado de produtos em comparação com outras. O efeito da concentração inicial de substrato no rendimento de D-sorbitol e ácido glucónico num processo descontínuo foi investigado para esta estirpe [74]. As concentrações equimolares de glucose e frutose variaram de 100 a 750 g/litro. O aumento da produtividade ocorreu quando a concentração inicial de substrato foi aumentada até 650 g/litro. Quando a concentração inicial de substrato atingiu 750 g/l, foi observada uma diminuição da produtividade.

Verificou-se também que, a uma concentração inicial de 100 g/L, a glicose e a frutose eram igualmente convertidas em sorbitol e ácido glucónico, especialmente durante o período inicial da reação. No entanto, após 20 minutos, ocorreu uma mudança no metabolismo dos açúcares, caracterizada por: um aumento no consumo de glucose, uma forte diminuição no consumo de frutose, uma diminuição no rendimento de sorbitol e uma diminuição na concentração de ácido glucónico. O aumento da concentração de substratos até 600 g/l levou a uma conversão quase completa dos açúcares em sorbitol e ácido glucónico.

O aumento do rendimento do produto com o aumento da concentração inicial de ambos os açúcares é uma consequência de dois efeitos: perda de permeabilidade celular e inibição do metabolismo do açúcar. O efeito induzido por concentrações iniciais elevadas de substratos foi determinado pela contagem do número de células antes do início do processo de bioconversão e após o fim do processo. [94]A concentração inicial de células, a uma concentração de substrato de 400 g/L, era de 2x10 células/ml e diminuiu para 2x10 células/ml após 3 horas de incubação. Com uma concentração inicial de substrato de 650 g/L e uma contagem final de células após horas, a concentração de células era de 8x10 células/ml. Isto confirma que um aumento da concentração de substrato leva a uma diminuição da formação de células. Os resultados experimentais também mostraram que os produtos resultantes inibem a absorção de glucose. Assim, a adição de uma concentração equimolar de sorbitol e ácido glucónico à solução celular leva a uma diminuição do consumo de glucose e da formação de ácido glucónico [74].

Um método para produzir xilitol a partir de uma solução aquosa de xilose é descrito [75], compreendendo as etapas de fermentação da referida solução aquosa de xilose com uma estirpe de levedura capaz de converter xilose livre em xilitol e hexoses livres presentes na referida solução em etanol. Foi determinado um tempo suficiente para obter uma solução de fermentação contendo xilitol e para separar uma ou mais fracções enriquecidas em xilitol e a referida solução de fermentação por separação cromatográfica.

Os autores [75] efectuaram a hidrólise enzimática do substrato com MultifectXylanase para obter xilitol

O método de sacarificação de matérias-primas lignocelulósicas, que inclui a preparação das matérias-primas, incluindo a moagem grosseira e a subsequente moagem fina das matérias-primas, foi desenvolvido em [76]. A matéria-prima preparada é tratada com uma preparação enzimática. Como preparação enzimática utilizou-se o líquido de cultura obtido pelo cultivo da estirpe Penicilliumverruculosum BKM F-3972D. O método permite aumentar o rendimento de açúcares digeríveis. A quantidade total de açúcares na solução é de 6,12-8 kg. A produção de glucose é de 5,75 kg ou 94% do total de açúcares. O método [77] de produção de etanol inclui fermentação, triagem de resíduos, trituração do componente celulósico, ebulição, correção do pH da massa digerida antes da fermentação seguida de extração de etanol. De acordo com uma forma de realização, o componente celulósico triturado (SCI) é tratado com ácido sulfúrico concentrado numa proporção em peso de 1:1. A mistura resultante é diluída com água a uma temperatura de cerca de 80-100°C. É fervida com agitação a 100°C e a fase sólida é filtrada. O filtrado é separado numa solução que contém ácido e numa solução que contém açúcar. O açúcar é concentrado a 12-14%. A correção do pH é realizada para pH 6. A fermentação da solução concentrada de açúcar é realizada com levedura. Noutra forma de realização, o PPI é submetido a hidrólise ácida.

O hidrolisado é separado por cromatografia contínua de exclusão iónica numa solução que contém ácido e numa solução que contém açúcar. O açúcar é concentrado a 12-14% por meio de um filtro de osmose inversa. O valor do pH é ajustado a 6 com amoníaco. A fermentação da solução concentrada de açúcar é efectuada com levedura a uma temperatura de 25-36°C para obter uma fermentação, da qual o etanol é extraído por destilação. De acordo com uma terceira forma de realização, o SCI é submetido a uma hidrólise com ácido sulfúrico a 40-100°C. O componente solúvel é separado do componente insolúvel. O componente insolúvel é seco e tratado com ácido sulfúrico concentrado numa relação de peso de cerca de 1:1 para obter uma mistura parcialmente hidrolisada. Esta última é diluída com água a 80-100°C, fervida sob agitação a 100°C, e a fase sólida é separada para obter um filtrado. O filtrado é separado numa solução que contém ácido e numa solução que contém açúcar. O açúcar é concentrado a 12-14%. O valor do pH é ajustado para 6. A fermentação da solução de açúcar é efectuada por leveduras. O método de obtenção de glucose envolve a trituração de matérias-primas, tratando-as com ácido sulfúrico concentrado numa relação de peso de 1:1 enquanto se aquece de 30 a 80°C. A mistura resultante é diluída com água a 80100°C, fervida a 100°C com agitação. O componente insolúvel é então separado e obtém-se a glucose.

A principal desvantagem deste método é a formação de uma mistura constituída por sorbitol e ácido glucónico, que deteriora a qualidade do produto-alvo; além disso, este método é muito trabalhoso e não é economicamente viável em comparação com os métodos catalíticos.

Para estudar a hidrólise enzimática da celulose, é necessário efetuar um pré-tratamento da celulose. Em [78], foi utilizada pasta de madeira de folhosas branqueada com sulfato, celulose microcristalina de algodão (MCC) e fibra de linho. Todos os tipos de pasta utilizados foram pré-tratados para remover os compostos minerais. O tratamento foi efectuado com uma solução de ácido clorídrico 1 n. A preparação industrial Celloviridin G20x foi utilizada para o processo de hidrólise enzimática. Além disso, comparámos a hidrólise utilizando diferentes tipos de ácidos (ácido peroximonosulfúrico, ácido peracético e ácido de Lewis).

A hidrólise enzimática foi efectuada em balanços de água a 150 rpm em recipientes hermeticamente fechados a 55°C. [3]A massa da amostra de celulose em estudo foi de 50 mg, o volume da mistura de reação foi de 2 cm e a concentração do fármaco em estudo foi de 0,25 mg/cm. Para um estudo detalhado do processo, foram efectuadas amostragens após 3, 6, 15, 24 e 48 h. [78].

O processo em si requer a produção de preparações, que por sua vez exigem custos financeiros e de tempo significativos para a sua produção [78]. Em [79], o pré-tratamento da celulose foi realizado com os seguintes reagentes: álcali, peróxido de hidrogénio em meio alcalino e os seus efeitos alternados. Os autores também fizeram um pré-tratamento com ácido clorídrico para remover a lignina. Os autores mostraram que o rendimento dos produtos aumentou com o aumento da quantidade de preparação enzimática (Fig. 3).

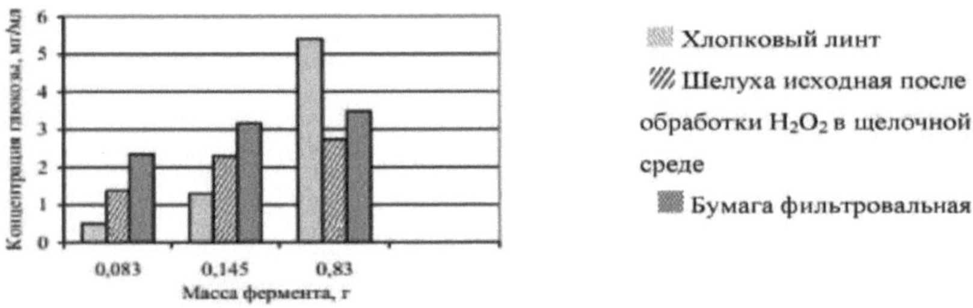

Figura 3 - Dependência da concentração de glucose formada em função da massa de enzima utilizada

A empresa japonesa GekkeikanSake anunciou a conclusão com êxito do desenvolvimento de uma tecnologia para produzir bioetanol a partir da celulose utilizando apenas microrganismos. Até à data, a decomposição inicial da celulose em glucose, necessária para a posterior fermentação em álcool, exigia o pré-tratamento da matéria-prima - palha de arroz e palha - com produtos químicos como o ácido sulfúrico ou a aplicação de temperaturas e pressões elevadas. De acordo com os investigadores, o sucesso foi alcançado através do desenvolvimento de um método para produzir quantidades significativas de uma enzima contendo bactérias kojimold (aspergilli) cromossomicamente modificadas. Os microrganismos resultantes, capazes de decompor a celulose sem influências adicionais, chamam-se Superkojimold. Curiosamente, a ideia de analisar mais de perto estas bactérias específicas surgiu porque são utilizadas no processo tradicional de produção de saqué. De acordo com a empresa, o método que ela desenvolveu economiza a energia necessária para quebrar a celulose e destilar o bioetanol após a fermentação, e também reduz a quantidade de água necessária no ciclo do processo [80].

Analisando o exposto, é de notar que, para a utilização da hidrólise enzimática à escala industrial, existe um problema de utilização de álcalis e ácidos. Para resolver este problema, são necessários custos financeiros adicionais, o que afectará o custo do produto final. Além disso, o material celulósico precisa de ser tratado posteriormente para extrair a lenhina. Para este tratamento, é utilizado ácido clorídrico, que, por sua vez, deve ser eliminado. A utilização de ácidos e álcalis leva a um desgaste rápido do equipamento. A utilização de preparações enzimáticas aumenta o custo do produto final. Isto deve-se ao facto de serem necessários custos financeiros adicionais para produzir este tipo de preparação. A utilização da hidrólise enzimática da celulose a uma escala industrial não é viável.

1.3 Catalisadores para hidrogenação hidrolítica química e enzimática e hidrólise de matérias-primas e resíduos vegetais contendo hidrocarbonetos

Um catalisador heterogéneo apresenta certas vantagens do ponto de vista prático em relação a um catalisador homogéneo: pode ser facilmente separado dos produtos, é termicamente estável e pode ser regenerado.

Os catalisadores heterogéneos mais utilizados para a hidrogenação de açúcares são os catalisadores à base de platina metálica e de níquel.

42A reação de hidrogenação catalítica da D-glucose em D-sorbitol, que é termodinamicamente espontânea e exotérmica (K h k = 473), processa-se de acordo

com a seguinte equação

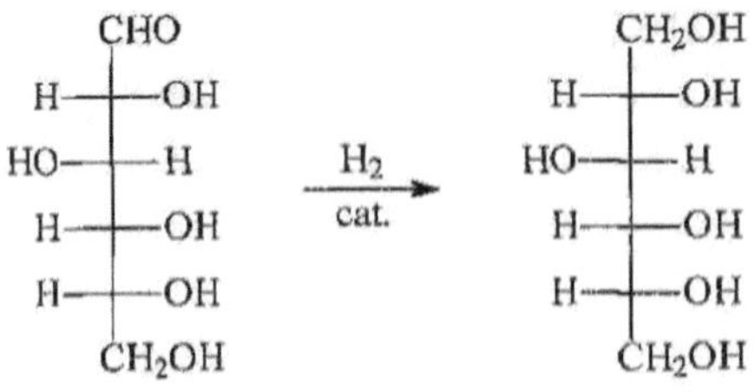

D-Глюкоза D-Сорбит

Como catalisadores industriais para este processo, vale a pena mencionar, em primeiro lugar, o Ni-Rénio e o níquel esquelético, um dos catalisadores mais activos obtidos a partir da liga de alumínio-níquel através da dissolução de uma parte do alumínio em álcali. Por exemplo, a reação de hidrogenação da glucose na presença de níquel esquelético é realizada a uma pressão de hidrogénio de 8 MPa e a uma temperatura de cerca de 140°C. O processo não é seletivo e a atividade catalítica do catalisador diminui.

A hidrogenação da D-glucose a D-sorbitol em Ni/kieselguhr foi estudada por Tukac[81]. Estudando o processo de hidrogenação de uma solução aquosa de glicose a 40% na gama de temperaturas de 115 a 165°C e pressão de hidrogénio na gama de 0,5 a 10 MPa, o autor encontrou a ordem parcial do hidrogénio, que foi de 0,65, e calculou o valor da energia de ativação aparente 23,8 - 48,5 kJ/mol. Este valor indica que a reação depende de factores de difusão externos, principalmente devido à elevada concentração molar inicial de glucose e à viscosidade da sua solução.

223 Para além da utilização de níquel/kieselguhr como suporte, podem também ser utilizados outros substratos, como SiC>2, TiO , A1 O [82] e carvão. 23O catalisador #/A1 0 com diferentes percentagens de metal, entre 15 e 30%, foi sintetizado utilizando três métodos, nomeadamente os métodos de lixiviação homogénea (HA), hidróxido duplo (LC) e citrato (CP) [83].

2323Os autores [82] verificaram que os catalisadores Ni/Al 0 - 2 e Ni/Al 0 - 5 apresentam a maior atividade em comparação com o Ni/kieselguhr comercial. Estes catalisadores apresentam elevada atividade (superior a 90 mmol/g Ni/h) e são capazes de realizar o processo de hidrogenação com elevada seletividade (~80%).

223A influência dos métodos de preparação de catalisadores de níquel (deposição, impregnação, método sol-gel, bem como síntese de matriz) e diferentes substratos (SiC>2, TiO , A1 O , carvão) foi estudada em [84]. 2322Os autores [83] verificaram experimentalmente que a atividade do substrato diminui na série A1 0 >TiO >Si0 > C. Durante a hidrogenação de uma solução de glucose a 50% numa autoclave a 120°C e 12 MPa de pressão de hidrogénio, utilizando um catalisador preparado pelo método sol-gel, verificou-se que o catalisador sintetizado por um método semelhante não apresentava atividade catalítica na hidrogenação da glucose.

Embora tenham sido utilizados diferentes substratos para o metal ativo, apenas um tipo de catalisador foi utilizado para esta síntese [85, 86]. A preparação do catalisador foi efectuada numa única etapa. Foi utilizada uma suspensão do precursor (etilacetonato de níquel) numa solução de matriz.

22223Para uma série de catalisadores (Ni OOrgl, Ni OOrg H Ni OOrg), esperava-se um aumento do diâmetro dos poros com o aumento da concentração de tolueno, mas o efeito oposto também foi encontrado. Este efeito está relacionado com a competição entre as soluções de acetilacetonato de níquel e o tolueno pelo espaço na micela durante a preparação do catalisador. Esta foi a razão para a diminuição do teor de níquel no catalisador com o aumento da concentração de tolueno.

Nos testes cinéticos, a maioria dos catalisadores obtidos com etilenodiamina proporcionou bons rendimentos de sorbitol. 2O catalisador Ni OOrgl com elevado teor de metal e poros largos proporcionou o maior rendimento de sorbitol (7,7%). 2O Ni 08 com baixo teor de níquel e poros estreitos caracterizou-se por um baixo rendimento de sorbitol (0,5%). Os autores sugeriram que a baixa conversão é uma consequência da transferência de massa em poros longos e relativamente estreitos. O catalisador №=08p1 apresentou, apesar do elevado teor de níquel e dos poros largos, proporcionando uma elevada transferência de massa e acessibilidade do substrato aos centros cataliticamente activos, um rendimento muito baixo de sorbitol no processo de hidrogenação da glucose, o que se deve provavelmente à sua redução insuficiente.

Verificou-se também que, na presença de diferentes catalisadores, a forma mais reactiva da glucose era a forma aberta, pelo que uma concentração elevada desta forma favorecia uma conversão elevada da glucose, enquanto a escolha do substrato influenciava significativamente os equilíbrios entre as diferentes formas tautoméricas da glucose.

A invenção [87], que diz respeito a um catalisador para hidrólise de celulose ou hidrólise de celulose e recuperação de produtos de hidrólise e um método para produzir álcoois de açúcar a partir de celulose, é bastante interessante. É descrito um catalisador para hidrólise de celulose e hidrólise de celulose e recuperação de produtos de hidrólise, no qual um metal de transição dos grupos 8-11 é depositado num substrato sólido. É também descrito um método de produção de álcoois de açúcar, que inclui: hidrólise da celulose na presença de um catalisador numa atmosfera contendo hidrogénio a pressão elevada e recuperação de um produto de hidrólise da celulose. O efeito técnico é a fácil separação do catalisador do produto, a não necessidade de ajuste do pH, a neutralização de ácidos ou álcalis na obtenção de álcoois, a possibilidade de reutilização do catalisador sem a sua ativação e a obtenção de álcoois de açúcar diretamente a partir da celulose utilizando este catalisador.

Os autores [88] propuseram um método que inclui um processo de hidrólise que utiliza um catalisador ácido de aglomerado num estado pseudo-fundido para hidrolisar a celulose contida em material fibroso vegetal e produzir glucose. No processo de hidrólise, o catalisador ácido de aglomerado e a primeira quantidade de material fibroso vegetal aumentam a viscosidade do catalisador ácido de aglomerado. Quando adicionado ao catalisador de ácido de cluster num estado pseudo-fundido, o catalisador de ácido de cluster e a segunda quantidade de material fibroso vegetal são aquecidos e misturados. Quando a viscosidade da mistura quente do catalisador ácido de agregação e da primeira quantidade de material fibroso vegetal é reduzida, são utilizados homopoliácidos ou heteropoliácidos como catalisador ácido de agregação. O método proposto permite aumentar a quantidade de material fibroso vegetal tratado por unidade de massa de catalisador ácido de agregação.

N. DechampH et al. [89] estudaram a cinética da hidrogenação catalítica da glucose. Foi utilizado como sistema catalítico um catalisador comercial de níquel sobre substrato de silício-alumínio constituído principalmente por 48,4% Ni, 5,15% A1, 8,46% Si, 0,27% Mg, 0,34% Na, 0,47% Fe. Os autores estudaram em pormenor os efeitos dos factores externos e intra-difusivos no processo de hidrogenação. Ao estudar a cinética da hidrogenação utilizando este catalisador, foi encontrado um valor de energia de ativação aparente de 67 kJ/mol. Este valor é muito superior à energia de ativação aparente na região de difusão (1221 kJ/mol), o que indica que a reação que ocorre na superfície do catalisador ocorre na região cinética. A modelização cinética com base em dados experimentais mostrou que a reação ocorre entre a glucose e o hidrogénio adsorvido na superfície do níquel. Este curso da reação indica o mecanismo de reação, que se processa de acordo com o modelo de Langmuir-Hinshelwood.

O níquel é um metal economicamente barato, e os catalisadores baseados nele, como o Ni-Reneia, têm sido historicamente considerados altamente activos [90]. Para aumentar a atividade dos catalisadores de níquel, estes são frequentemente promovidos pela adição de elementos principalmente inorgânicos (B [91], P [92] e vários metais). N. Lrn et al. [91] utilizaram uma liga de níquel e boro promovida com crómio, molibdénio e tungsténio. $_{24}$O catalisador #-B/8U foi quimicamente reduzido por KBH numa solução aquosa. A sua estrutura amorfa foi confirmada utilizando os seguintes métodos: XIV (método de difração de raios X) e EXAFS (estrutura fina alargada em espectros de absorção de raios X). $_{222}$Na hidrogenação da glicose em fase aquosa, o catalisador amorfo Ni-B/ZU pré-preparado exibiu uma atividade muito mais elevada do que outros catalisadores de níquel, tais como Ni-B/SiO cristalino, Ni-B/SiO reduzido por hidrogénio, bem como Ni-Reneia comercial. Isto deveu-se à influência combinada da estrutura do catalisador e do efeito eletrónico entre o metal e o boro. $_{2}$O $_{2}$pré-condicionamento do Ni-B/SiO influenciou a sua atividade, sendo que a atividade máxima do catalisador foi observada quando da calcinação com Sid H do precursor a 200°C por 2 hrs. A presença de promotores (Cr, Mo ou W) também aumentou a atividade do catalisador, estes influenciaram a estrutura eletrónica da superfície do metal ativo, o que teve um efeito favorável na adsorção e polarização do grupo carbonilo (C=0) da molécula de glucose. O tungsténio teve o melhor efeito promotor. P. Gallezoto et al. [93] estudaram a Ni-Reneia promovida por molibdénio, crómio, ferro e estanho. No entanto, os catalisadores de níquel ocupam uma posição desvantajosa em relação a outros catalisadores para a hidrogenação de açúcares, devido à lixiviação do níquel, resultando numa perda de atividade do catalisador, bem como num aumento da concentração de níquel na solução de sorbitol. Para a utilização do sorbitol nas indústrias alimentar, médica e cosmética, o níquel, sendo um metal pesado, deve ser completamente removido da solução de sorbitol, o que implica um aumento dos custos económicos. Além disso, é preferível utilizar catalisadores com outros metais activos, como o cobalto, a platina, o paládio, o ródio e o ruténio [92, 94, 95].

Os autores [96] mostraram que a conversão da celulose em solventes polares é muito problemática. Este problema é resolvido com a utilização de um catalisador de Pt, que utiliza os seus poros para facilitar o processo de interação entre o catalisador e a celulose, o que favorece o processo de hidrogenação hidrolítica da celulose

A conversão [97] da lignocelulose é um tema crucial na indústria química renovável e sustentável. No entanto, a separação da celulose da lignocelulose é uma tarefa não solucionável em solventes polares e, por conseguinte, difícil de converter em produtos químicos de valor acrescentado. Uma estratégia para ultrapassar este inconveniente é a utilização de carbono mesoporoso, que aumenta a proximidade entre a celulose e o catalisador através dos seus ricos grupos funcionais e grandes poros homogéneos. Aqui, relatamos a preparação de um catalisador de Pt suportado num tipo de carbono mesoporoso 3D tratado com Echinometramathae (Pt/CNE) para aumentar a interação entre o catalisador e o reagente insolúvel. Na hidrogenação hidrolítica da celulose, os grupos ricos em oxigénio do CNE facilitaram o acesso da celulose à superfície do catalisador, e a estrutura de poros abertos ajuda os oligómeros a transformarem-se e a difundirem-se eficazmente para os locais activos no poro. A Pt altamente porosa desempenha o duplo papel de hidrólise por protões, formando hidrogénio ou água, e de hidrogenação eficiente. A utilização do catalisador Pt/CNE resultou num rendimento de cerca de 80% de xilitol, o que constitui o melhor trabalho até à data. A conversão direta de polissacarídeos em Pt/CNE mostra um bom desempenho na produção de álcool de açúcar (23% de rendimento). Os autores prevêem que o carbono 3D de estrutura aberta será amplamente aplicado na conversão de vários materiais lignocelulósicos.

1242122Os autores [98] efectuaram a hidrólise e a hidrogenação da celobiose no solvente ZnC H O C para otimizar a síntese do D-sorbitol. As condições óptimas foram as seguintes: catalisador Ru/C, temperatura 125°C, solvente ZnC H O, rendimento do sorbitol 95%.

Os catalisadores de hidrogenação habitualmente utilizados na literatura são realizados em catalisadores metálicos, tais como ruténio sobre carbono, ruténio sobre nanotubos de carbono, zeólitos modificados com ruténio, níquel sobre nanofibras de carbono, carboneto de tungsténio sobre nanotubos de carbono, nanopartículas de ruténio e catalisadores de níquel modificados, que têm sido utilizados com êxito como catalisadores para a conversão de celulose em polióis. Neste estudo, os catalisadores Ru/C foram selecionados devido à sua elevada eficiência e não foi observada qualquer lixiviação dos catalisadores na hidrogenação da glucose [99, 100-110]

2 PREPARAÇÃO DOS MATERIAIS, MÉTODOS DE ANÁLISE E DE INVESTIGAÇÃO

2.1 Caracterização dos objectos de investigação

De acordo com os resultados da pesquisa em 2015, este artigo investigou os pellets de cerveja gerados como resíduos na fábrica "Shymkentpivo". O granulado de malte (OST 18-341-79 "Granulado de cerveja em bruto") é formado como um resíduo após a separação da fase líquida - mosto de cerveja no processo de filtração do mosto. A cerveja é constituída por fases líquida (45%) e sólida (55%). A fase sólida contém a casca e a parte insolúvel do grão. O grist de cerveja em bruto é um grist de cor castanha clara com um cheiro e sabor específicos. Pode conter até 88% de água e pode ser armazenado durante 24 horas à temperatura ambiente. A composição química dos granulados varia consoante a qualidade e o sortido dos produtos transformados à base de cereais e o tipo de cerveja produzida (quadro 1).

Quadro 1 - Composição química dos granulados de cerveja

Nome dos componentes	Conteúdo, %
Substâncias cinzas	5,50
Polissacáridos facilmente hidrolisáveis	21,32
Polissacáridos de difícil hidrólise	24,66
Gecosanos	17,68
Pentosanos (sem ácidos urónicos)	28,03

Como segunda matéria-prima, estudámos a celulose obtida da guza-paya por auto-hidrólise explosiva. A composição química da celulose é apresentada na Tabela 2.

As matérias-primas vegetais investigadas preliminarmente foram trituradas e selecionadas. As matérias-primas fraccionadas através de peneiras com uma dimensão de partícula de 2-3 mm foram utilizadas para análises químicas. As análises químicas foram efectuadas utilizando os seguintes métodos:

- humidade - por secagem de uma amostra de matérias-primas num exsicador a

105°C até peso constante;

- substâncias de cinzas - por combustão de uma amostra de matérias-primas seguida de calcinação numa mufla a 600°C ;

- O teor de polissacáridos facilmente e dificilmente hidrolisáveis foi determinado segundo o método de Kiesel e Semiganovsky;

- lenhina - pelo método de Koenig modificado por Komarov, utilizando ácido sulfúrico a 72%;

- O peso volúmico das matérias-primas foi determinado através da pesagem de um determinado volume de material vegetal em balanças analíticas;

- os açúcares foram analisados pelo método de Bertrand e Macken-Schoorl

- açúcares individuais determinados por cromatografia líquida HPLC; ShimadzuLClO-ATVP, detetor digital diferencial TEST- 900, colunas Luna 5.

Tabela 2 - Composição química da celulose de guza-paya

Caraterísticas m.d.a., %* naa.s.c.	
Celulose	88,55
Humidade, %	6,2
Cinzas	4,75
Pentosanos	7,89
Lignina	10,82

2.2 Metodologia para a determinação do teor de humidade

Os pesos das matérias-primas não superiores a 3 g são colocados em ramos de vidro pré-lavados, secos e pesados. A pesagem dos pesos nos contentores é efectuada juntamente com as tampas.

°As caixas pesadas com as suspensões são abertas e colocadas, juntamente com as tampas, num exsicador pré-aquecido a 105-110 °C e secas a esta temperatura durante 2 horas. As buretas retiradas do armário são fechadas com as tampas, colocadas num azulejo de cerâmica ou numa folha de metal e arrefecidas durante pelo menos 5 minutos, sendo depois colocadas num exsicador à temperatura ambiente e pesadas. Todas as pesagens são efectuadas com um erro não superior a 0,0002 g.

O teor de humidade *w é* determinado pela fórmula:

$$w = \frac{m_{вл}}{m_{нав}} = \frac{m_{нав} - m}{m_{нав}}, \quad (1)$$

em que *tel* - massa de humidade, g;

tnav - massa da amostra antes da secagem, g;

m - massa da amostra após secagem, g.

A massa da amostra antes da secagem é determinada pela fórmula:

$$m_{нав} = m_o - m_m \quad (2)$$

em que *to* é a massa do cadinho com a suspensão, g; *tt* é a massa do cadinho, g.

O teor de humidade é determinado em paralelo em três amostras. O resultado final é a média aritmética de três determinações paralelas, dentro do limite de tolerância das diferenças de teor de humidade, que não deve exceder 0,5 %. O cálculo dos resultados da análise é efectuado até à segunda casa decimal. Os resultados finais são arredondados para a primeira casa decimal.

É permitido utilizar copos de metal com uma tampa com um diâmetro de 50-60 mm e uma altura de 30-40 mm, a suspensão de polpa é seca a uma temperatura de 130-140 C durante 30 minutos, arrefecendo no exsicador sem um termómetro [36].

2.3 Metodologia para a determinação da fração mássica de pentosanos

Colocar a suspensão de celulose num balão de fundo redondo. [3]Deitar 20 g de cloreto de sódio no mesmo balão e, com uma proveta, deitar 100 cm de uma solução com uma fração mássica de ácido clorídrico de 13 % (Fig. 4).

O balão de fundo redondo é colocado num banho de glicerol e ligado ao aparelho. O nível de glicerol deve ser mantido 1,5-2,0 cm acima do nível do líquido no balão. Fixa-se um termómetro no banho de glicerina. Colocar o aparelho numa hotte de exaustão.

O destilado deve ser recolhido num copo ou numa proveta graduada e colocado num cristalizador com água fria para arrefecer.

O aquecimento do banho de glicerina é regulável. [°]A temperatura do glicerol deve ser mantida a 164-166 C. [3]O destilado deve ser destilado a uma velocidade de 30 cm por 10 minutos. [33] Após a destilação de cada 30 cm do funil de decantação, vertem-se no balão de fundo redondo 30 cm de uma solução com uma fração mássica de ácido clorídrico de 13 %.

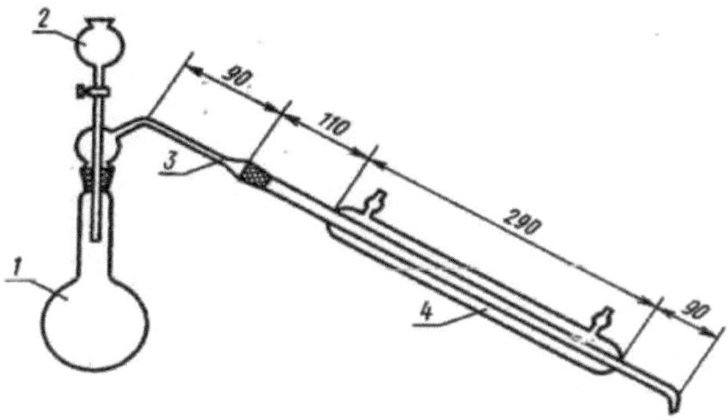

[3]Figura 4 - Instalação para a determinação da fração mássica de pentosanos: 1 - balão de fundo redondo com capacidade de 500 cm; 2 - funil de decantação; 3 - tubo; 4 - frigorífico.

[3]Destilar 225 cm de destilado.

[3]Após a destilação, transferir o destilado do copo para um balão de 250 cm de capacidade, lavar o copo com uma pequena quantidade de solução com uma fração mássica de ácido clorídrico a 13 % e completar o volume do balão com uma solução do mesmo ácido.

Rolha-se o frasco e mistura-se bem o conteúdo do frasco.

[33]Depois de agitar, retirar 5 cm de solução com uma pipeta e transferi-los para um balão de 100 cm. [3°]Na mesma pipeta, com a ajuda de uma pérola de borracha, adicionar 25 cm da solução de orsina; em seguida, arrolhar o balão e misturar o conteúdo do balão, mantendo-o durante 50 minutos a (20±0,5) C.

[3]Após 50 minutos, adicionar 20 cm de álcool etílico ao conteúdo do balão com uma

pipeta. Após agitação, o conteúdo do balão é ligeiramente arrefecido e mantido a (20±0,5) C durante 10-15 min.

[3]Simultaneamente, prepara-se uma amostra de controlo da mesma forma, na qual a solução analisada é substituída por 5 cm de uma solução com uma fração mássica de ácido clorídrico de 13 %. A amostra de controlo é conservada juntamente com as amostras de ensaio.

10-15 minutos após a preparação das soluções, determinar a sua densidade ótica em relação à amostra de controlo no fotoelectrocolorímetro com um comprimento de onda de 630 nm (filtro vermelho).

A seleção preliminar das cuvetes é feita em função do valor da densidade ótica da amostra a testar. O valor nominal da densidade ótica deve situar-se no intervalo 0,3-0,5.

São utilizadas cuvetes com uma espessura de camada absorvente de luz de 10, 20 e 50 mm.

De acordo com o valor obtido da densidade ótica, utilizar o gráfico de calibração adequado para determinar a massa de pentosanos na amostra.

A fração mássica de pentosanos em percentagem de celulose absolutamente seca é calculada de acordo com a fórmula:

$$\Pi = \frac{g \times 100 \times 100}{m \times (100 - W) \times 1000} = \frac{g \times 10}{m \times (100 - W)}, \quad (3)$$

em que g é a massa de pentosanos na amostra, mg;

m - peso da amostra de pasta seca ao ar, g;

W - humidade da polpa, %

A média aritmética dos resultados de duas determinações paralelas, arredondada às décimas de percentagem, deve ser considerada como o resultado da análise. A discrepância entre determinações paralelas com uma probabilidade de confiança P = 0,95 não deve exceder 0,2 % para a fração mássica de pentosanos até 3 % e 0,4 % para a fração mássica de pentosanos superior a 3 % [33].

2.4 Determinação do teor de celulose pelo método do peso

[33]°A partir da amostra combinada de celulose seca ao ar, cortar em pedaços de 10×10 mm, pesar cerca de 3 g, pesar com um erro não superior a 0,0002 g, colocar num copo de porcelana com uma capacidade de 150 cm e verter 45 cm de solução de NaOH a 17,5 %, cuja temperatura é de (20±0,2) C. Determina-se o teor de humidade da celulose. Numa amostra separada, determina-se o teor de humidade da pasta. [3]Deita-se a solução de hidróxido de sódio em porções: primeiro deita-se 15 cm e agita-se suavemente a celulose durante 2-3 minutos com uma vareta de vidro de extremidade plana. [3]De seguida, adiciona-se o resto da solução (30 cm) e agita-se uniformemente e com cuidado durante 1 minuto. °O copo com a mistura é coberto com um vidro de hora em hora e colocado no termóstato a uma temperatura de (20±0,2) C durante 45 minutos, contados a partir do início do tratamento da celulose com o álcali.

[3]°Após este período, adicionam-se 45 cm de água destilada (20±0,2) C à massa, agita-se suavemente durante 1,5 min e transfere-se a massa para um filtro de vidro. A massa de polpa é distribuída uniformemente no filtro e o filtrado é aspirado para um recipiente de recolha. Durante a filtração, o filtrado é passado duas vezes através das camadas de fibras para evitar perdas de fibras. [3]O resíduo no filtro, sob vácuo fraco, é lavado em três porções de 25 cm com uma solução de NaOH a 9,5 % à temperatura de (20±0,2) T . Cada nova porção de álcali de lavagem é adicionada apenas após a aspiração completa da porção anterior. A duração total da lavagem com lixívia deve ser de 2-3 minutos. Após sucção do álcali, a fibra é lavada com porções separadas de água destilada à temperatura de 18-20 T, com sucção intermédia. A lavagem é efectuada até à reação neutra, de acordo com a fenolftaleína. No final da lavagem, a sucção é mantida até que as gotas desapareçam na ponta do funil quando compactadas com um bastão. O resíduo lavado (alfa-celulose) é transferido com uma pinça para uma caixa seca até peso constante e seco num exsicador a (103±2) T durante 6-7 h até peso constante. No final da secagem, a caixa é colocada no exsicador, arrefecida e pesada.

A fração mássica de celulose, em % da celulose absolutamente seca, é calculada de acordo com a fórmula:

$$X_\alpha = \frac{m_1 - m}{g} \cdot 100, \quad (4)$$

em que m é a massa da caixa vazia, g;

ml - massa da caixa com alfa-celulose seca, g;

g - peso absolutamente seco da celulose, g.

A média aritmética de duas determinações paralelas, arredondada a 0,1 %, deve ser considerada como o resultado do ensaio. A discrepância entre duas determinações paralelas não deve exceder 0,3 % [37].

Após arrefecimento da mistura de reação, o composto e o resíduo de celulose não hidrolisada foram separados por filtração. Para a filtração, foi utilizado um filtro plissado de papel de filtro sem cinzas. Após a separação da fase sólida, o volume da mistura de reação foi levado a 100 mL num balão de vidro e analisado por HPLC.

A análise foi efectuada com um cromatógrafo líquido de alta eficiência UltiMate 3000 (Dionex, EUA) equipado com um detetor refratométrico. Foi utilizada uma coluna Reprogel-H (500 × 10 mm, número de placas teóricas - 160 000) para separar a mistura de reação em fracções. A temperatura da coluna era de 25°C. Foi utilizada como eluente uma solução de ácido sulfúrico (9 mmol/L) com uma pressão de 6,5 MPa e um caudal de 0,5 ml/min. Para obter resultados mais exactos, a amostra foi colhida duas vezes para análise. O tempo de análise de uma amostra foi de 60 minutos.

2.5 Conceção do hardware

2.5.1 Metodologia da hidrogenação hidrolítica

[3]A hidrólise de polissacáridos de matérias-primas vegetais e a hidrogenação hidrolítica dos polissacáridos formados sob pressão de hidrogénio foram efectuadas num reator (1) com agitação intensa, volume de 100 cm, feito de aço inoxidável com acionamento hermético (2) (Fig.5). A velocidade de rotação do agitador de parafuso (3) (1400 rpm) proporcionou a superfície máxima da interface gás-líquido. Para realizar a reação de hidrogenação, introduz-se no reator (1), por meio de um tubo (4), uma quantidade de

substância iniciadora, catalisador e a quantidade necessária de solução ácida, pesada com precisão em balanças analíticas. O reator selado é então purgado com hidrogénio para remover o ar. É regulada a pressão de hidrogénio necessária, controlada por um manómetro de referência (5), e ao mesmo tempo são ligados o motor elétrico (2) para agitação intensa e o termóstato (6) para aquecimento do reator. O tempo é contado a partir do momento da ligação do termóstato (6) e do acionamento elétrico.

O hidrogénio elétrico é fornecido pelo cilindro (7) através de um redutor.

Após o fim da experiência, o reator foi arrefecido, o hidrogénio foi expelido e o catalisador foi drenado através da ligação (8).

No final da experiência, o catalisador e o polissacárido não hidrolisado foram separados por filtração. Os catalisadores filtrados foram analisados quanto ao teor de agentes redutores pelo método McEuen-Schoorl. Além disso, o pH do catalisador foi medido utilizando o ionómetro universal EV-74. Em seguida, a água foi destilada por destilação em vácuo num evaporador rotativo de vácuo. O produto obtido sob a forma de xarope foi utilizado para a análise cromatográfica.

ooA unidade universal de laboratório melhorada e de pequenas dimensões desenvolvida para estudar o processo de hidrogenação hidrolítica química dos grânulos de cerveja (Fig. b) permite variar a temperatura de 50 C a 200 C. O carregamento dos grânulos de cerveja e da solução de ácido e de agente redutor é efectuado através do gargalo 2 soldado à parte superior do corpo 1. O carregamento dos grânulos de cerveja, da solução ácida e do agente redutor é efectuado através do gargalo 2 soldado à parte superior do corpo 1.

Após o carregamento simultâneo de todos os componentes, a suspensão resultante do material hidrolisado é rapidamente aquecida até à temperatura definida pelo aquecedor "externo" 5, que é uma espiral isolada de cerâmica enrolada à volta do corpo do aparelho. Quando a temperatura definida é atingida, o aquecedor "externo" é desligado e o termorregulador automático é ligado, fornecendo tensão ao aquecedor de tipo cartucho incorporado 6. Durante o processo de hidrólise, a amostragem é efectuada através de um filtro de malha 7, instalado ao nível do meio da coluna de fase líquida, e de um refrigerador tubo-em-tubo 8.

Se o filtro 7 estiver sujo, é limpo através do fornecimento de ar comprimido, a curto prazo, ao dispositivo de recolha de amostras. Para evitar uma sobrepressão perigosa, por exemplo, em caso de falha do termorregulador, existe uma válvula de segurança 3 no corpo do hidrolisador, regulada para a pressão limite de 0,43 MPa.

Uma experiência típica de hidrólise-hidrogenação da celulose foi realizada da seguinte forma. Colocaram-se no reator suspensões de 50 mg de celulose e 50 mg do catalisador aplicado, adicionando-se em seguida 45 ml de isopropanol. O reator foi fechado, purgado com árgon (pressão do gás 1MPa) e aquecido a 180 °C. Depois de atingida a temperatura definida, a reação foi iniciada. Do autoclave fechado, durante o decurso da experiência, foram retiradas alíquotas de ~1 ml através de um amostrador especial às 0, 1, 2, 3, 5 e 7 horas para análise.

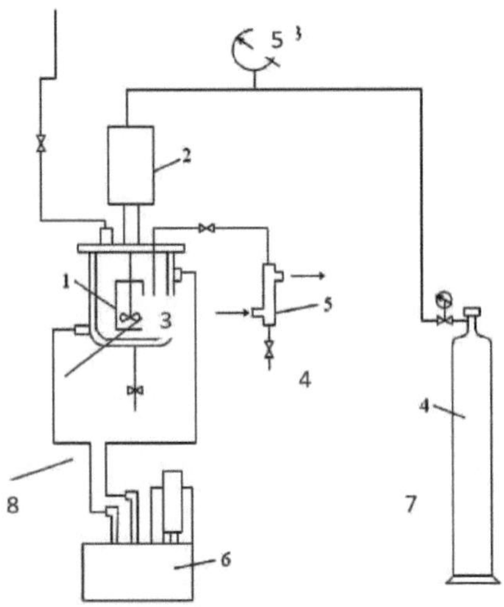

Figura 5 - Diagrama esquemático de uma unidade para hidrólise hidrolítica e hidrogenação de celulose guza-pai

1 - reator, 2 - acionamento elétrico, 3 - agitador, 4 - tubo, 5 - manómetro, 6 - termóstato, 7 - cilindro de hidrogénio, 8 - conetor

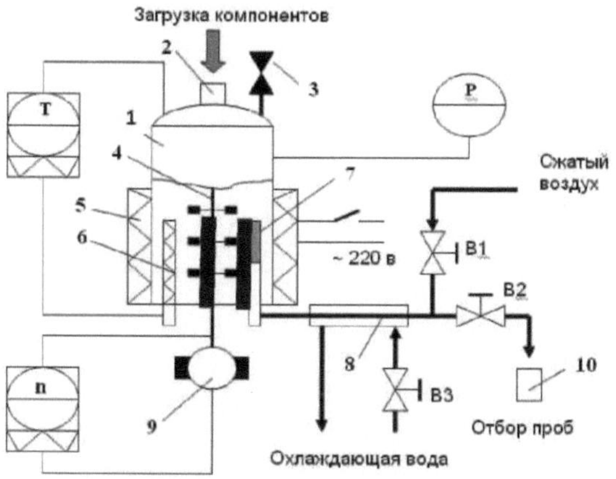

1 - Recipiente do reator de 100 ml

2 - Pescoço de carga de componentes

3 - Válvula de segurança

4 - Agitador de estrutura

5 - Aquecedor elétrico 2,0 kW

6 - Aquecedor elétrico de tipo cartucho 0,5 kW

7 - Filtro

8 - Frigorífico tubo-em-tubo

9 - Acionamento do agitador, 300 watts

10 - Recipiente de amostragem.

B1 - Válvula de purga do filtro

B2 - Válvula de recolha de amostras

B3- Válvula de alimentação da água de arrefecimento

P - Manómetro indicador MPTS-100, 4 atm, cal.1.5

T - Termostato OVEN TRM1 com

Sensor de temperatura TSP 100 n - Regulador de velocidade do agitador com indicação do consumo de energia.

Figura 6 - Esquema principal da unidade de hidrogenação química hidrolítica para pellets de cerveja

Figura 7 - Vista geral da instalação para o estudo dos processos de hidrólise enzimática

Um fermentador foi utilizado para estudar processos biotecnológicos complexos.

Tal instalação como parte do complexo permite realizar pesquisas de processos de hidrólise enzimática de matérias-primas contendo celulose em hidromódulo 1:10 e mais e temperatura ajustável na faixa de 30°C - 75°C.

O acionamento do agitador do fermentolissor é idêntico ao do agitador do hidrolisador e prevê a medição da potência na armadura do motor.

O esquema geral da unidade de fermentólise não difere significativamente da unidade de fermentação padrão equipada com um reator com um agitador mecânico. A acidez é controlada pelo medidor de pH MULTITEST IPL-513, a titulação é efectuada de acordo com a variante de regulação unidirecional com fornecimento de titulante por bomba-doseadora peristáltica.

Nas experiências, o granulado de cerveja foi utilizado como matéria-prima (Fig. 7).

3.1 Desenvolvimento da tecnologia de hidrólise química hidrolítica e hidrogenação de matérias-primas e resíduos vegetais contendo hidrocarbonetos com base na utilização de um método combinado (híbrido)

3.1.1Desenvolvimento de tecnologia para hidrólise química hidrolítica e hidrogenação de celulose guza-pai com base na utilização de um método combinado (híbrido)

No trabalho de investigação realizado em 2015, investigámos o processo de auto-hidrólise e hidrólise química de matérias-primas vegetais contendo hidrocarbonetos - guza-paya para obter celulose e glucose. Para a obtenção do sorbitol, de acordo com o plano de 2016, estudámos separadamente o processo de síntese do sorbitol a partir da glicose e desenvolvemos um processo combinado (híbrido) de hidrólise hidrolítica e hidrogenação da celulose da guza-paya. Os catalisadores heterogéneos mais utilizados para a hidrogenação de açúcares são os catalisadores à base de platina metálica e de níquel para o primeiro processo. A reação catalítica de hidrogenação da glucose em sorbitol, que é termodinamicamente espontânea e exotérmica, ocorre de acordo com a seguinte equação

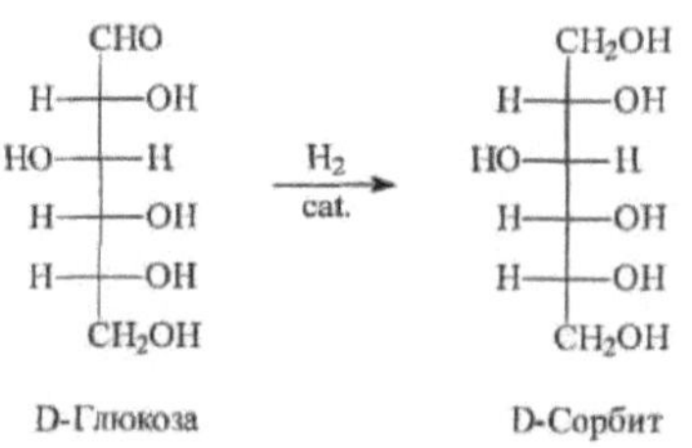

De acordo com esta via, devemos primeiro realizar o processo de hidrólise da guza-paia para produzir glicose de acordo com esta reação

Este processo é muito longo e envolve a formação de muitos outros compostos, sendo necessárias numerosas etapas de purificação e o isolamento de intermediários.

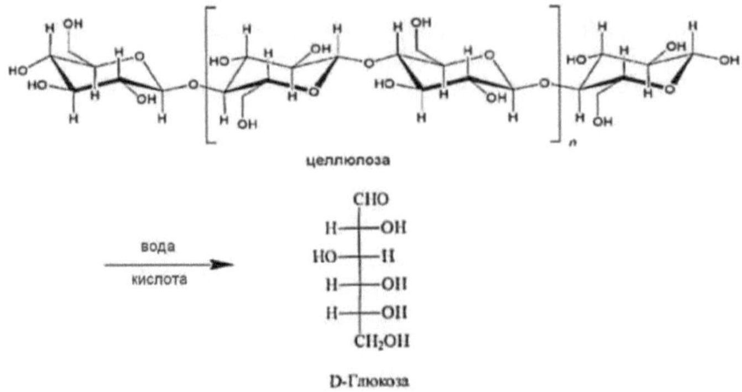

Para resolver o problema acima referido, realizámos uma reação para reduzir o peso molecular da celulose utilizando um catalisador sólido, combinando os processos de hidrólise e de hidrogenação. O estudo levou-nos a realizar uma combinação das reacções de hidrólise e de hidrogenação da celulose guza-pai em água com a ajuda de um catalisador metálico sob sobrepressão de hidrogénio. Neste caso, como mostra a seguinte equação de reação, os álcoois poliatómicos (sorbitol e manitol) são sintetizados numa única etapa.

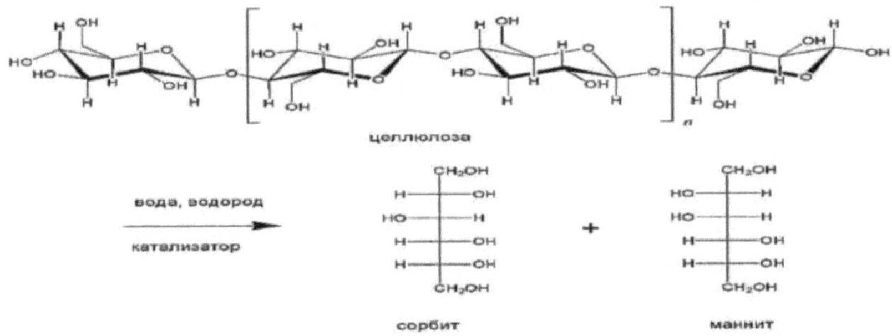

A celulose guza-pai obtida pelo método de hidrólise explosiva foi utilizada por nós para a realização de um processo combinado (híbrido) ou de hidrólise-hidrogenação para a produção de sorbitol. [30]O processo de hidrogenação química hidrolítica da celulose guza-pai foi realizado num reator de aço de 100 cm de volume em meio aquoso, sob agitação intensiva, a uma temperatura de 140-220 C, pressão de hidrogénio de 2,010,0 MPa e duração da reação de 20-100 minutos. [23]O catalisador de níquel NiZAL O aplicado foi preparado pelo método de impregnação, no processo da sua preparação adicionou-se adicionalmente ferro-liga (FS) na quantidade de 5% do peso do níquel. Para realizar o processo de hidrogenação-hidrólise, é colocada num reator (1) uma quantidade de celulose, catalisador e a quantidade necessária de água, pesada com precisão em balanças analíticas. O reator selado é então purgado com hidrogénio para remover o ar. Em intervalos, foram recolhidas amostras com um amostrador para analisar os álcoois de açúcar e para determinar o grau de conversão da celulose. A conversão da celulose foi calculada como a relação entre o peso da celulose não hidrolisada e a sua quantidade inicial. As concentrações dos principais produtos do processo: xilitol, manitol, xilose, glucose, sorbitol, etc., foram determinadas na fase líquida do catalisador por cromatografia líquida. Com base nos valores obtidos, o valor da seletividade foi calculado como a relação entre a massa do produto formado e a massa do polissacárido hidrolisado.

A eficiência do processo foi determinada pela conversão de celulose, seletividade e rendimento dos principais produtos.

A Tabela 3 e a Figura 8 resumem os dados experimentais sobre a investigação dos padrões de alteração da taxa de hidrólise química hidrolítica e de hidrogenação da celulose guza-pai a partir do tempo de reação. O tempo de reação foi variado de 20 a 100 minutos. O tempo ótimo do processo de conversão catalítica da celulose guza-pai nas condições por nós escolhidas foi determinado em 60 minutos.

Tabela 3 - Dependência da taxa de hidrogenação química hidrolítica da celulose guza-pai com o tempo de processo.Condições do experimento: 0,5 g. °3% Ni/Al_2O_3(ΦS), Top= 180 C, P¾=6,0 MPa

№/№	τ, min	Taxa de conversão,%	Seletividade do sorbitol, %	Seletividade do manitol, %	Rendimento total,%
1.	20	38,2	15,1	3,0	18,9
2.	40	44,5	17,7	3,1	21,3
3.	60	53,0	21,8	3,0	22,6
4.	80	54,4	20,3	2,2	23,7

5.	100	55,0	20,0	2,1	23,9

Até ao sexagésimo minuto, a reação de conversão da celulose é negligenciável e, após o sexagésimo minuto, os seus valores estão dentro da margem de erro. O mesmo padrão é observado com o índice de seletividade do sorbitol.

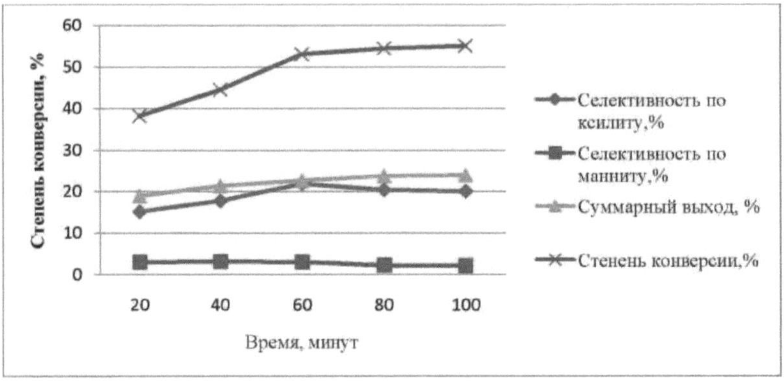

Figura 8 - Dependências cinéticas do processo de hidrólise e hidrogenação da celulose guza-pai

3.1.2. Desenvolvimento da tecnologia de hidrólise química hidrolítica e hidrogenação de pellets de cerveja com base na utilização de um processo combinado (híbrido)

3.1.2.1. Investigação do processo combinado (híbrido) de hidrólise química hidrolítica da hidrogenação de pellets de cerveja

É sabido que a maioria dos processos químicos industriais requer a utilização de numerosos reagentes e vários reactores. Os processos de reator único, cuja principal diferença é a utilização de um único reator para várias reacções sequenciais sem separação de produtos intermédios, permitem reduzir drasticamente os custos.

Desenvolvemos uma tecnologia de reator único para a produção de xilitol a partir de pellets de cerveja, o que leva à ausência de processos de separação e purificação de produtos intermédios. Como resultado da utilização do método combinado, a velocidade global de produção do produto aumenta com menos reagentes utilizados.

Na primeira fase, utilizámos os seguintes ácidos: sulfúrico, nítrico, fosfórico e sulfúrico, que realizaram o processo de quebra de algumas ligações químicas nos polissacáridos do mosto de cerveja. Neste processo, forma-se um produto intermédio - a xilose - e um grande número de subprodutos, incluindo compostos aromáticos. Em termos de atividade, os ácidos utilizados neste processo formam a seguinte série:

$$H_2SO_4 > HNO_3 > H_2SO_3 > H_3PO_4$$

A relação entre as taxas de hidrólise dos polissacáridos na sua presença é a seguinte

$$W_{H2SO4} : W_{HNO3} : W_{H2SO3} : W_{H3PO4} = 3,1 : 2,5 : 2,3 : 1,6$$

É de notar que, quando a reação é realizada em meio de ácido clorídrico, quando se atinge uma determinada concentração de monossacáridos, as amostras mudam de cor com o aparecimento de um forte odor desagradável, o que indica a formação de subprodutos. A reação de decomposição dos monossacáridos sob a ação do ácido e da temperatura é irreversível. Esta reação consiste na desidratação dos monossacáridos em anidridos, a partir dos quais se formam os ácidos levulínico e glucónico e as substâncias corantes como resultado de outras transformações.

A segunda fase envolve a redução da xilose a xilitol numa solução de álcool isopropílico na presença de catalisadores de níquel, cobre ou cobalto promovidos por ferro-ligas.

Como resultado, foi alcançado um rendimento máximo de 75% de xilite após uma redução de 2 horas a uma temperatura do reator de 125 °C. Em termos de atividade, os catalisadores desenvolvidos formam a seguinte série: Ni-FS>Co-FS>Cu-FS. Além disso, é importante que a utilização de hidrogénio pressurizado tenha sido evitada nas condições desenvolvidas.

A Tabela 4 e a Figura 9 resumem os dados experimentais para investigar os padrões de mudança na taxa de variação do processo de hidrólise química hidrolítica e hidrogenação de pellets de cerveja a partir do tempo de reação. O tempo de reação variou de 40 a 200 minutos

O tempo ótimo do processo de conversão catalítica dos granulados de cerveja nas condições escolhidas foi determinado em 120 minutos. Até este minuto de reação, a conversão de pellets de cerveja aumenta suavemente e, após este indicador, os seus valores estão dentro do erro. O mesmo padrão é observado com o índice de seletividade para o xilitol.

Tabela 4 - Dependência da taxa de hidrólise química hidrolítica e hidrogenação de pellets de cerveja no tempo de processo

№/№	τ, min	Taxa de conversão,%	Seletividade do xilitol, %	Seletividade do manitol, %	Rendimento total,%
1.	40	16,4	8,5	1,2	8,8
2.	80	48,7	16,9	2,5	20,0
3.	120	75,0	19,8	2,1	21,8
4.	160	72,8	19,0	2,1	20,6
5.	200	63,3	17,1	2,1	19,9

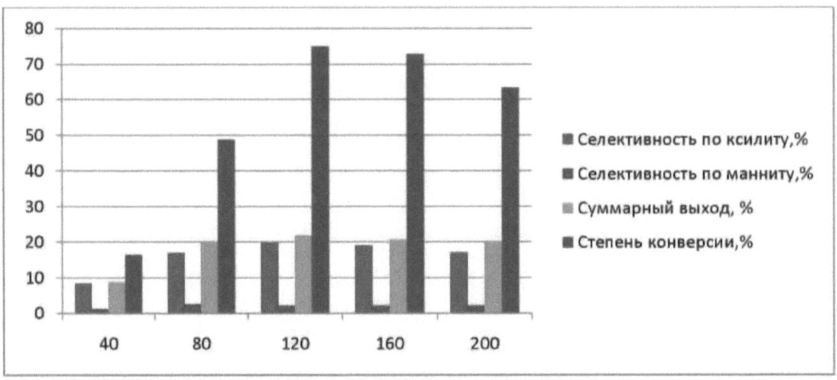

Figura 9 - Condições da experiência: 0,5 g. ₂°₂3% Ni/Al o3(ΦS), Top= 180 C, Pn =6.0 MPa

3.2 Desenvolvimento da tecnologia de hidrólise enzimática hidrolítica e hidrogenação de matérias-primas e resíduos vegetais contendo hidratos de carbono com base na utilização de um método combinado (híbrido)

Tal como a velocidade de qualquer transformação química, a velocidade das reacções enzimáticas depende de muitos factores. Os principais são os seguintes - o tempo da reação enzimática (tempo de incubação), a temperatura e o pH do ambiente. À medida que o tempo de incubação da enzima aumenta, a velocidade da reação diminui. Isto pode ocorrer por várias razões, sendo as principais: uma diminuição da concentração de substrato, um aumento da velocidade da reação inversa (devido à acumulação de produto), inibição da enzima pelo produto da reação e desnaturação da enzima. Nos estudos cinéticos, são efectuadas medições da velocidade inicial da reação. De acordo com a regra de Want-Goff para reacções químicas, um aumento de 10°C na temperatura leva a um aumento de 2-4 vezes na taxa de reação. A taxa de reação enzimática aumenta com o aumento da temperatura, atingindo um máximo a uma temperatura óptima (temperatura óptima da enzima), e depois cai para zero. É de notar que o coeficiente de temperatura do aumento da velocidade das reacções enzimáticas é menor do que o das reacções químicas normais: por cada aumento de 10°C na temperatura, a velocidade não aumenta mais do que duas vezes. A diminuição da velocidade de reação para zero é causada pela inativação da enzima devido à desnaturação da sua parte proteica. A maioria das enzimas é inactivada a temperaturas de 40-50°C. Algumas enzimas são inactivadas a temperaturas próximas de 0°C. As enzimas que são glicoproteínas são caracterizadas por uma elevada termoestabilidade, uma vez que o fragmento de hidratos de carbono confere à proteína termoestabilidade. Estas enzimas funcionam em microrganismos que vivem em fontes termais.

Uma alteração do pH do meio leva a uma alteração do grau de ionização dos grupos ácidos e básicos, tanto do centro ativo da enzima como do próprio substrato. Consequentemente, uma alteração do pH afecta a afinidade do substrato pelo centro ativo da enzima e o mecanismo catalítico da reação. Normalmente, a dependência da velocidade da reação enzimática com o pH do meio é em forma de sino, porque para cada enzima existe um valor ótimo de pH no qual a enzima exibe a maior atividade catalítica (pH ótimo da enzima). O valor ótimo de pH corresponde à melhor ligação do substrato pela enzima e à maior taxa de catálise.

Para a realização das experiências planeadas de hidrólise hidrolítica enzimática e de hidrogenação, foram submetidos pellets de cerveja de "Shymkentpivo" LLP.

BruzheimBSX, As actividades enzimáticas de Bruzheim BGX (produtor de *Trichodermalongibrachiatum*) foram utilizadas como catalisadores são apresentadas no Quadro 5.

Quadro 5 - Caracterização da preparação enzimática

Nome droga	Parâmetros de processamento		Atividade
	temperatura, T	pH	
BruzaimeBCX (hemicelulase de cogumelo)	30-50	3,5-5,5	Xilanase: 6500+5 % unidades de KS/cm3; β-Glucanase: 1450+5 % unidades de SG-HcS/cm3; Celulase: 1500 unidades +5 % unidades de CMC/cm3;

A hidrólise hidrolítica enzimática e a hidrogenação de cada amostra foram efectuadas em meio aquoso (a acidez ativa foi ajustada com ácido fosfórico e situou-se na gama de 4,8-4,9 unidades de pH). A concentração de substrato em todas as experiências foi de 45,0 g/L. A composição das preparações enzimáticas "BruzaimVSH" foi utilizada como catalisador, aplicada na quantidade de 0,03 g de enzima por 1 g de substrato na

no início da fermentação. Para efetuar o processo de hidrogenação-hidrólise, foram colocadas no fermentador, em balanças analíticas, quantidades de mosto de cerveja, enzima, ácido fosfórico e a quantidade necessária de água, pesadas com precisão. Após um determinado intervalo de tempo, o processo foi interrompido e as análises dos álcoois de açúcar e da conversão da celulose foram efectuadas por cromatografia líquida.

As dependências da taxa de hidrólise enzimática hidrolítica e de hidrogenação dos granulados de cerveja com o tempo do processo são apresentadas na Figura 9 e na Tabela 6.

Tabela 6 - Dependência da taxa de hidrólise enzimática hidrolítica e hidrogenação de pellets de cerveja no tempo de processo

№/№	τ, mi н	Taxa de conversão,%	Seletividade do xilitol, %	Seletividade do manitol, %	Rendimento total,%	Seletividade da xilose
1.	80	34,0	1,9	1,0	23,4	19,1
2.	160	38,1	2,9	1,4	34,5	21,8
3.	240	55,0	3,6	1,8	47,1	35,0
4.	320	49,7	3,0	1,6	40,9	33,3
5.	400	47,6	2,3	1,3	37,8	31,1

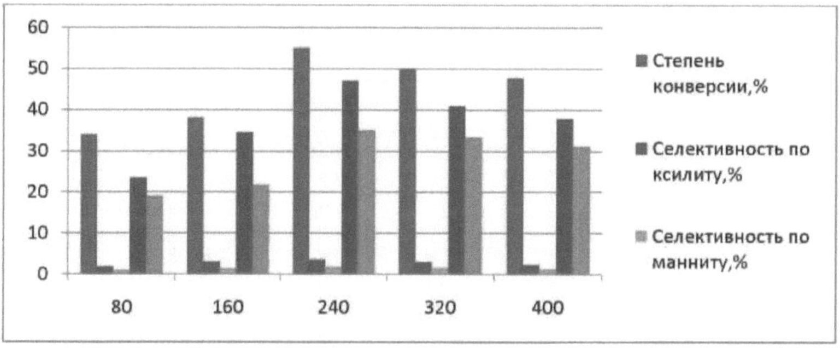

Figura 9 - Hidrogenação dos granulados de cerveja em função do tempo de processamento

O quadro 7 apresenta os dados experimentais relativos ao estudo das regularidades de variação da taxa de hidrólise enzimática hidrolítica e de hidrogenação dos granulados de cerveja em função do tempo de reação. O tempo de reação foi variado de 80 a 400 minutos. O tempo de reação ótimo para a conversão catalítica dos granulados de cerveja nas condições selecionadas foi determinado como sendo de 240 minutos. Até este minuto de tempo de reação, a conversão dos granulados de cerveja aumenta suavemente, e após este tempo os seus valores estão dentro da margem de erro. O mesmo padrão é observado com a seletividade para o xilitol. No entanto, a seletividade para o xilitol e o manitol é muito inferior à da hidrólise química hidrolítica e da hidrogenação. Tal deve-se à predominância da velocidade de reação de hidrólise sobre a velocidade de reação de hidrogenação. Este facto é evidenciado pelos elevados valores de seletividade para a xilose (de 19,1 a 35,0%). Para aumentar a taxa de reação de hidrogenação, adicionámos adicionalmente 0,03 g de estirpe fúngica microscópica do género Trichoderma ao fermentador. Os resultados das experiências são apresentados na Tabela 7 e na Figura 10.

Tabela 7 - Dependência da taxa de hidrólise enzimática hidrolítica e hidrogenação de pellets de cerveja com o tempo do processo na presença de enzimas complexas.

№/№	τ, mi н	Taxa de conversão, %	Seletividade do xilitol, %	Seletividade do manitol, %	Rendimento total,%	Seletividade da xilose
1.	80	33,4	14,9	1,2	21,4	1,9
2.	160	35,8	15,9	1,0	31,3	2,8
3.	240	42,7	17,8	1,1	37,1	3,0
4.	320	39,2	14,7	1,3	35,7	2,9
5.	400	47,6	2,3	1,3	37,8	31,1

Os dados do quadro 7 mostram que a seletividade para o xilitol aumentou de 3,6 para 17,8 %, ao mesmo tempo que a seletividade para a xilose diminuiu de 35,0 para 3,0 %. Este padrão indica a predominância da velocidade da reação de hidrogenação sobre a velocidade da reação de hidrólise. Ou seja, nestas condições, realizámos o processo de processo enzimático combinado (híbrido) de hidrólise hidrolítica e hidrogenação.

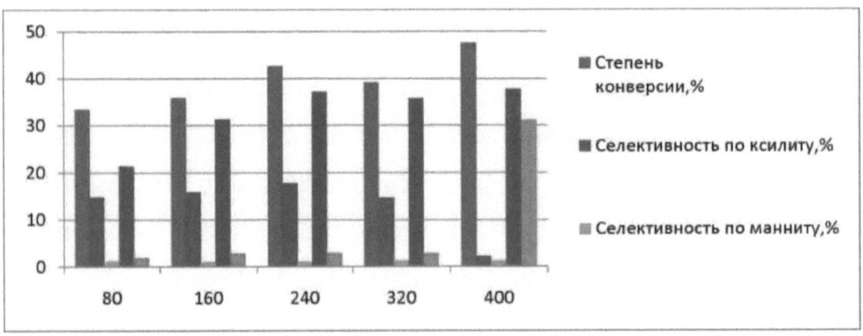

Figura 10

°Ao estudar o efeito da temperatura da hidrólise hidrolítica enzimática e do processo de hidrogenação na presença de enzimas complexas na conversão do granulado de cerveja e na seletividade para o xilitol e o manitol, demonstrou-se que, à medida que a temperatura aumentava de 30 para 50 C, a conversão do granulado de cerveja aumentava de 12,7 para 42,7% (Quadro 8,9 e Fig. 11.). °°A seletividade para o xilitol aumentou de 7,7 para 17,8% com o aumento da temperatura (30-50 C) e diminuiu para 7,0% quando a temperatura foi aumentada para 70 C. °A diminuição da seletividade do xilitol deve-se ao facto de, a temperaturas superiores a 70 C, ocorrer o processo de inativação das enzimas utilizadas. °A Tabela 4 mostra que a temperatura óptima da experiência é 50 C, porque a esta temperatura obtivemos a máxima seletividade para o xilitol e o manitol.

Tabela 8 - Efeito da temperatura da experiência no processo de hidrólise enzimática hidrolítica e hidrogenação de pellets de cerveja

№/№	°	Ogepen	Seletividade	Seletividade	Total
		conversões,%	xilitol,%	para o manitol,%	rendimento, %
1.	30	12,7	7,7	1,8	10,2
2.	40	28,3	14,3	2,0	16,1
3.	50	42,7	17,8	1,1	18,9
4.	60	34,3	12,1	1,1	14,8
5.	70	19,7	7,0	1,2	9,0

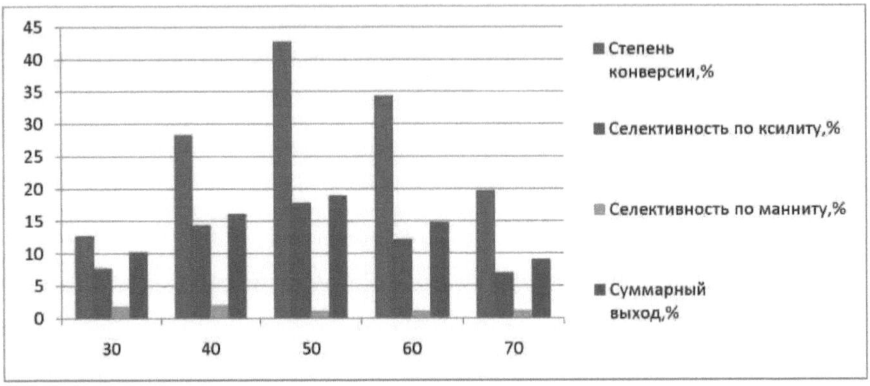

Figura 11

Tabela 9 - Efeito do pH no processo de hidrólise enzimática hidrolítica e hidrogenação de pellets de cerveja

№/№	pH	Taxa de conversão,%	Seletividade do xilitol, %	Seletividade do manitol, %	Rendimento total,%
1.	4,0	15,2	7,5	1,2	9,3
2.	4,5	30,0	11,3	1,2	12,5
3.	5,0	42,7	17,8	1,1	18,9
4.	5,5	35,8	10,5	2,9	11,7
5.	6,0	19,1	5.5	2,4	8,1

Durante o estudo da influência do pH no processo de hidrólise hidrolítica enzimática e hidrogenação de pellets de cerveja na conversão e seletividade para polióis, verificou-se que os valores mais elevados de seletividade para xilitol - 17,8% e conversão - 42,7% são observados no caso de se utilizar um valor de pH igual a 5,0. A alteração do pH do meio leva a uma alteração do grau de ionização dos grupos ácidos e básicos tanto do centro ativo da enzima como do próprio substrato. Consequentemente, uma alteração do pH afecta a afinidade do substrato pelo centro ativo da enzima e o mecanismo catalítico da reação. A dependência da velocidade da reação enzimática em relação ao pH do meio tem a forma de um extremo, porque para cada enzima existe um valor ótimo de pH no qual a enzima apresenta a maior atividade catalítica (pH ótimo da enzima). O valor de pH no ótimo corresponde à melhor ligação do substrato pela enzima e à maior taxa de catálise. No nosso caso, este valor é 5,0.

°Assim, determinámos as condições óptimas do processo de hidrólise enzimática hidrolítica e hidrogenação dos grânulos de cerveja: pH - 5,0, temperatura 50 C, duração da reação - 3 horas

3.3 Desenvolvimento de tecnologia para a síntese de uma nova geração de catalisadores de hidrogenação hidrolítica e em fase líquida e seleção de parâmetros de processo óptimos na sua presença

3.3.1Tecnologia de síntese de uma nova geração de catalisadores de hidrogenação hidrolítica e em fase líquida

O esquema tecnológico de produção e teste de catalisadores de esqueleto de liga desenvolvido por nós consiste em: um forno de fusão de alta frequência, um reator descontínuo e uma unidade de fluxo do tipo coluna. O esquema tecnológico principal da produção de catalisadores é apresentado na Fig. 12.

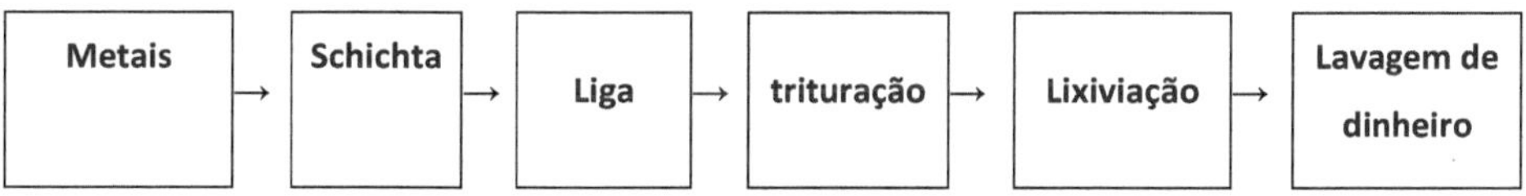

Figura 12 - Diagrama de fluxo do processo básico de produção de catalisador

As ligas foram preparadas num forno de fusão de alta frequência da marca, de acordo com a tecnologia por nós desenvolvida. [0]Uma quantidade calculada de Al, sob a forma de lingotes, foi colocada num cadinho de quartzo e gradualmente aquecida a 1000 - 1IOO C, sendo depois introduzida uma quantidade calculada de níquel, cobre ou cobalto e aditivos de ligas metálicas sob a forma de aparas ou pó. [0]Como resultado da reação exotérmica, a temperatura do fundido foi aumentada para 1700-1800 C, que foi agitada durante 3-5 minutos por um campo de indução. Nos moldes de grafite, a liga foi arrefecida ao ar e moída até obter grãos de 0,25 mm. [3]As ligas foram activadas por lixiviação com uma solução aquosa de soda cáustica a 1050%, tomada num volume de 40 cm por 1 g de liga, num banho de água a ferver durante 1 hora, após o que o catalisador foi lavado do álcali com água para uma reação neutra de acordo com a fenolftaleína.

Com o objetivo de desenvolver a tecnologia de síntese de catalisadores de nova geração, obtivemos os seguintes sistemas catalíticos: Ni-Si-FS,FS- Al,FS--Si

3.3.2Seleção de parâmetros de processo óptimos para hidrogenação hidrolítica e em fase líquida na presença de catalisadores desenvolvidos

3.3.2.1 Seleção de parâmetros de processo óptimos para a hidrólise química hidrolítica e a hidrogenação de granulados de cerveja

O estudo da influência de vários parâmetros tecnológicos no processo é de grande importância teórica e prática, uma vez que permite não só apresentar uma imagem da interação das moléculas em reação, mas também, em última análise, escolher a composição e as condições do catalisador mais adequadas para o processo em condições industriais. Ao mesmo tempo, os estudos permitem fazer suposições sobre o mecanismo de reação.

O estudo da hidrólise química hidrolítica e do processo de hidrogenação do granulado de cerveja foi investigado:

- a influência da temperatura da experiência;
- influência da natureza do promotor da liga de ferro
- influência da natureza do agente redutor
- efeito da natureza do ácido utilizado
- influência da natureza do metal de base do catalisador de celulose. O rendimento do produto foi determinado como a relação entre a massa do produto formado e a massa inicial de celulose.

$^{o}{}_{3}$Ao estudar o efeito da temperatura do processo na conversão dos grânulos de cerveja e na seletividade para o xilitol e o manitol, verificou-se que, à medida que a temperatura aumentava de 75 para 175 C, a conversão dos grânulos de cerveja aumentava de 20,5 para 64,8% (Quadro 9, 11, 12 e Fig. 13, 14, 15). Isto deve-se ao facto de, a temperaturas elevadas, a concentração de iões H O e OH na água aumentar, o que provoca um aumento da acidez do meio necessário para a hidrólise dos grânulos de cerveja. ººA seletividade para o xilitol aumentou com o aumento da temperatura (75-125 C) de 12,3 para 19,8% e diminuiu para 10,3% com o aumento da temperatura de 150 para 175 C. ºA diminuição da seletividade para o xilitol é causada pelo facto de, a temperaturas superiores a 125 C, as taxas dos processos de decomposição dos açúcares (hidrogenólise) com formação de polióis inferiores começarem a aumentar. ºA Tabela 9 mostra que a temperatura óptima da experiência é 125 C, porque a esta temperatura obtivemos a seletividade máxima para o xilitol e os rendimentos totais de sorbitol e manitol.

Tabela 9 - Efeito da temperatura da experiência no processo de hidrólise química hidrolítica e hidrogenação de pellets de cerveja.

№/№		Ogepen	Seletividade	Seletividade	Total
		conversões,%	xilitol,%	para o manitol,%	rendimento, %
1.	75	20,5	12,3	2,4	13,6
2.	100	48,4	15,5	2,3	17,4
3.	125	53,0	19,8	2,1	21,8
4.	150	62,2	14,0	1,1	14,8
5.	175	64,8	10,3	1,6	11,0

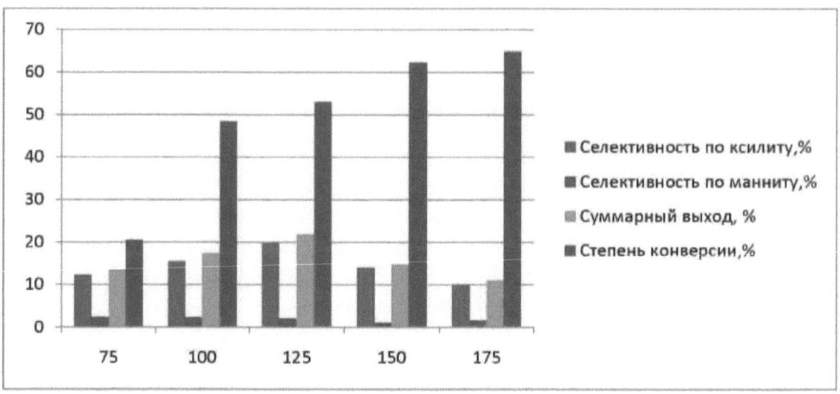

Figura 13 - Condições experimentais: cateter de Ni-FS, 24% isopropanol, 120 minutos

Durante o estudo da influência da natureza do ácido utilizado no processo de hidrólise química hidrolítica e hidrogenação de pellets de cerveja na conversão e seletividade para polióis, verificou-se que os valores mais elevados de seletividade para xilitol - 19,8% e conversão - 75% são observados no caso do ácido sulfúrico. Quando se utilizou o ácido fosfórico, observaram-se os valores mais baixos de conversão -55,7% e de seletividade para o xilitol - 12,3%. De acordo com a atividade no processo de hidrólise química hidrolítica e hidrogenação de pellets de cerveja, os ácidos estudados formam a seguinte série:

$$H_2SO_4 > HNO_3 > H_2SO_3 > H_3PO_4$$

Tabela 10 - Efeito da natureza ácida no processo de hidrólise química hidrolítica e hidrogenação de pellets de cerveja.

№/№	ácido	Taxa de conversão,%	Seletividade do xilitol, %	Seletividade do manitol, %	Rendimento total,%
1.	HNO3	67,4	16,4	1,7	17,5
2.	H2SO4	75,0	19,8	2,1	21,8
3.	H2SO3	65,2	17,8	3,0	22,6
4.	ICS	70,6	17,3	2,9	18,5
5.	H3PO4	55,7	12.3	2,4	15,0

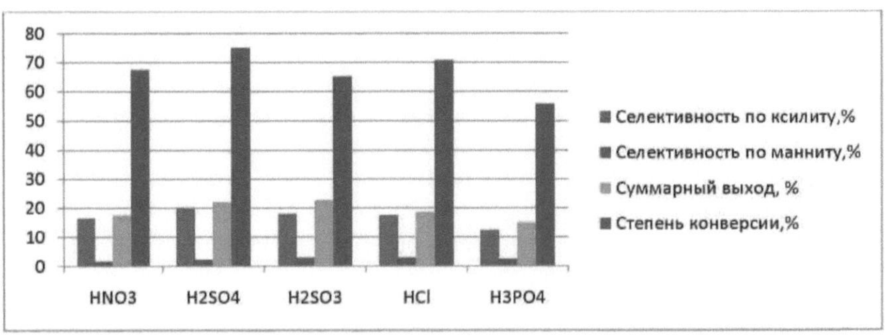

°Figura 14- Condições experimentais: cat Ni-FS, 24% isopropanol, 120 minutos, Ton=125 C.

Tabela 11 - Influência da natureza do agente redutor no processo de hidrólise química hidrolítica e hidrogenação dos granulados de cerveja

№/№	ácido	Taxa de conversão,%	Seletividade do xilitol, %	Seletividade do manitol, %	Rendimento total,%
1.	metanol	0	0	0	0
2.	etanol	1,2	0	0	0
3.	Isopro-panol	75,0	19,8	2,1	21,8
4.	butanol	3,6	0,3	0,9	1,5
5.	glicerina	5,7	2.3	2,4	5,0

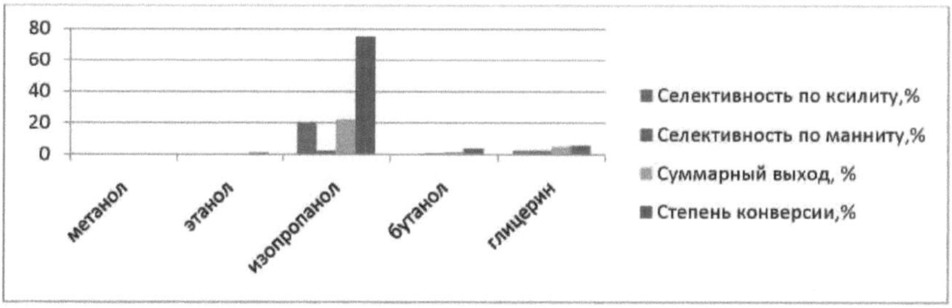

24°Figura 15- Condições experimentais: cateter de Ni-FS, H SO , 120 minutos, Ton= 125 C

A segunda parte do processo de hidrólise química hidrolítica e hidrogenação dos grânulos de cerveja, nomeadamente a hidrogenação da xilose formada em xilitol ou manitol, depende da eficácia do agente redutor. No quadro 12, que resume os resultados do estudo, verifica-se que a conversão dos grânulos de cerveja e a seletividade do xilitol têm os valores mais elevados quando se utiliza isopropanol. Quando se utiliza etanol e metanol, o processo de hidrólise química hidrolítica e hidrogenação é quase inexistente. No caso de se utilizar butanol e glicerol, a taxa de reação é insignificante e o processo não pode ser utilizado para a realização (Fig. 16).

Tabela 12 - Dependência da taxa do processo de hidrólise química hidrolítica e hidrogenação de pellets de cerveja no teor de ferro-liga.

№/№	Conteúdo. ferro-liga, %	Taxa de conversão,%	Seletivo vulnerabilidade xilitol,%	Selectiva vulnerabilidade manitol,%	Rendimento total,%
1.	1,0	38,7	12,9	2,3	18,7
2.	3,0	50,0	16,5	2,3	20,0
3.	5,0	68,5	18,0	2,0	20,0
4.	7,0	75,0	19,8	2,1	21,8
5.	10,0	73,3	18,7	2,3	20,9

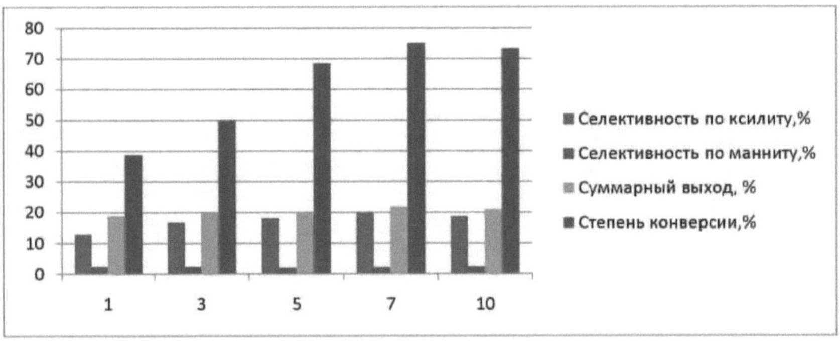

°Figura 16 - Condições experimentais: Ton= 125 C, , 120 minutos

Como pode ser visto na Tabela 12, na faixa de conteúdo de ferro-liga no catalisador de níquel promovido de 1,0 a 7,0%, foi observado um aumento na taxa de conversão de 38,7 a 75% e na seletividade de xilita de 12,9 a 19,8%. Quando o conteúdo de ferro-liga no catalisador de níquel promovido aumentou acima de 7,0 wt.%, uma diminuição na seletividade de xilita foi observada com um aumento simultâneo no rendimento de pentodos, tetródios e polióis inferiores.

Para a realização do processo de hidrólise química hidrolítica e hidrogenação de pellets de cerveja foram utilizados três tipos de catalisadores promovidos por ligas metálicas:

níquel, cobre e cobalto.Estes catalisadores no processo estudado apresentaram atividade diferente, que foi avaliada pelo grau de conversão e seletividade para os polióis (Tabela 13).No decorrer do estudo foi demonstrado que tal diferença se deve a propriedades estruturais e físico-químicas destes catalisadores.Por exemplo, como mostrado na distribuição de fases e tamanho de partículas, os catalisadores porosos

Tabela 13 - Dependência da taxa do processo de hidrólise química hidrolítica e hidrogenação de pellets de cerveja na natureza do catalisador de ferro-liga

№№	natureza. metal%	Taxa de conversão,%	Seletividade do xilitol, %	Seletividade do manitol, %	Rendimento total,%
1.	Ni(FS)	75,0	19,8	2,1	21,8
2.	Cu(FS)	43,1	8,8	2,0	11,3
3.	Co(FS)	54,0	12,2	2,1	14,5
4.	/Al_2O_3(FS)	91,4	21,8	3,4	22,0
5.	/Al_2O_3(FS)	83,5	20,6	3,0	21,3

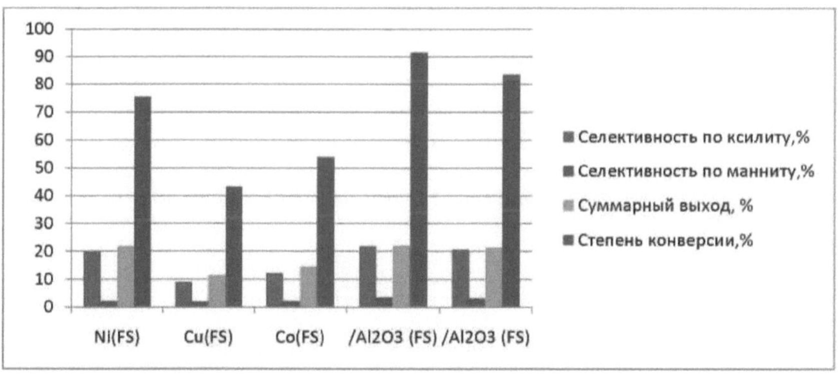

Figura 17.

3.3.2.2 Hidrogenação hidrolítica contínua de polissacáridos de levedura de cerveja numa instalação em coluna descontínua

Foram testadas algumas ligas de catalisadores de cobre, cobalto e níquel promovidas por ligas metálicas no processo de hidrogenação de polissacáridos de granulados de cerveja, a fim de desenvolver sistemas catalíticos óptimos para a produção de xilitol na unidade de coluna de lote. Como matéria-prima na unidade de coluna de lote foi utilizado o granulado de cerveja da "Shymkentpivo" LLP. Os resultados da investigação são apresentados no quadro 14.

Tabela 14 - Resultados da hidrólise e hidrogenação simultâneas de pellets de cerveja numa instalação em coluna descontínua. Condições: pressão - 4MPa, temperatura = 100°C, tamanho do grânulo do catalisador 6-8mm, pH=3,5

catalisador	Rendimento do xilitol, %
Cu - Al	69,5
Cu- Al - FS	80,3
Co - Al - FS	87,5
Ni- Al- FS	92,8

O quadro 14 mostra que os catalisadores investigados apresentam uma atividade absoluta sobre a xilite, em termos de atividade formam a seguinte série: Cu-Al-FS< Co-Al-FS< Ni-Al-FS

Um dos principais parâmetros do processo é a pressão do hidrogénio, cujo aumento aumenta a concentração de hidrogénio na solução e na superfície do catalisador. O quadro 15 apresenta os resultados do estudo da influência da pressão do hidrogénio no rendimento do xilitol no processo combinado (híbrido) de produção de xilitol a partir de granulados de cerveja.

A Tabela 15 mostra que, com o aumento da pressão do hidrogénio no sistema, a taxa de reprodução deste na superfície do catalisador aumenta, o que contribui para um aumento da taxa de reação e do rendimento em xilitol. O rendimento do xilitol a 6 MPa para o catalisador Ni-Al-FS mais ativo é de 97,0%. A pressão de hidrogénio óptima para o processo de hidrogenação hidrolítica contínua de polissacáridos de cerveja triturada numa instalação em coluna de lote é de 5 MPa, e o aumento da pressão até 6 MPa não tem qualquer efeito apreciável.

Quadro 15 - Efeito da pressão do hidrogénio no rendimento do xilitol durante a hidrólise e hidrogenação simultâneas de granulados de cerveja numa instalação em coluna descontínua. [0]Condições: temperatura =120 C, tamanho do grânulo do catalisador: 6-8mm, pH=3,5

catalisador	PH2, MPa	Rendimento do xilitol, %
Cu-Al	2	67,3
	4	70,5
	6	73,1
Cu-Al-FS	2	81,5
	4	84,3
	6	85,4
Co-Al- FS	2	90,7
	4	93,4
	6	95,1
Ni-Al-FS	2	91,6
	4	95,5
	6	97,0

A Tabela 16 mostra os resultados do estudo da influência da temperatura experimental no rendimento de xilitol. Os dados experimentais mostram que os rendimentos mais elevados de xilose são obtidos a 80°C.

Tabela 16 - Influência da temperatura no rendimento do xilitol durante a hidrólise e hidrogenação simultâneas de pellets de cerveja numa instalação em coluna descontínua

catalisador	T,°C	Rendimento do xilitol, %
Cu- Al	60	60,4
	80	71,0
	100	71,3
Cu- Al- FS	60	75,8

	80	88,8
	100	85,9
Co-Al-FS	60	84,8
	80	95,9
	100	94,4
Ni- Al-FS	60	86,5
	80	97,4
	100	93,8

Os catalisadores ideais devem ser caracterizados não só por uma elevada atividade e seletividade, mas também pela estabilidade, que depende tanto da mobilidade do hidrogénio ativo (taxa de reprodução) como da resistência mecânica da liga inicial e do catalisador. Sabe-se que os catalisadores com metais promotores são duas vezes mais activos e estáveis do que os catalisadores sem promotor.

Foram investigados catalisadores de ligas de níquel obtidos a partir de ligas multicomponentes. As ligas de ferro ferromolibdénio (FMo), ferrotitânio (ΦTi) e ferrosilicálcio (FSC) foram utilizadas como aditivos.

A Tabela 17 mostra que os catalisadores de níquel investigados mostram uma elevada atividade sobre a xilite, a taxa de formação desta última aumenta de forma diferente dependendo da natureza química e da quantidade de ferro-ligas modificadoras. A atividade máxima é mostrada pelo catalisador da liga com 5 wt. % FMo. ^{0}O rendimento da xilite em IOO C e 10 MPa a 60 minutos é de 94,4 por cento, o que é mais do que uma ordem de grandeza superior ao do níquel esquelético sem aditivos.

$_{2}$Tabela 17 - Efeito da quantidade de aditivo de ferro-liga introduzido na atividade do catalisador de níquel multicomponente PH = 6MPa

Aditivo, %	$оп^{0}$	Rendimento de xilitol (%) em tempo (min)				W- **104** mol
		10	20	40	60	gkt/min
1	2	3	4	5	6	7

ΦTiNi - Al - ΦTi

1,0	50	19,5	26,1	33,5	45,8	14,4
	100	23,4	32,7	45,7	60,6	19,3
3,0	50	21,0	27,8	36,6	49,8	15,3
	100	28,8	39,6	58,6	72,7	22,6
5,0	50	22,2	29,9	39,1	53,4	16,2
	100	31,6	43,0	61,8	79,6	24,2
7,0	50	23,6	30,9	40,7	58,1	16,8
	100	34,6	43,5	63,5	81,4	25,1
10,0	50	23,2	31,5	39,0	59,8	17,2
	100	38,7	45,9	64,8	83,6	25,9
ΦMoNi-Al - ΦMo						
1,0	50	20,1	29,3	39,9	49,0	16,8
	100	30,3	43,9	57,8	72,8	27,5
3,0	50	24,3	33,1	41,4	54,6	20,4
	100	33,5	61,4	64,5	84,8	32,1
5,0	50	30,4	39,0	49,5	67,1	22,6
	100	35,7	66,9	69,7	91,4	33,6
7,0	50	29,8	40,2	51,4	70,7	23,4
	100	40,2	56,2	71,4	92,8	34,2
10,0	50	29,8	40,7	52,6	71,4	23,7
	100	40,5	56,9	72,6	94,4	34,7
FGC Ni - Al - FGC						
1,0	50	10,3	13,6	21,3	27,0	8,1
	100	24,3	30,5	42,6	55,3	14,6
3,0	50	14,2	17,7	27,1	36,1	10,8
	100	26,3	33,6	47,4	63,6	16,1
5,0	50	18,5	23,8	33,5	43,0	12,0

	100	28,7	36,4	51,8	66,2	17,1
7,0	50	11,7	17,0	25,6	35,4	10,4
	100	25,6	32,9	46,4	59,4	15,8
10,0	50	11,5	15,6	23,2	30,6	9,4

3.3.2.3 Seleção de parâmetros de processo óptimos para a hidrólise química hidrolítica e a hidrogenação da celulose de guza-pai

Já mostrámos anteriormente (15) a possibilidade de obter celulose a partir de guza-paya por auto-hidrólise. Utilizámos esta celulose para realizar um processo combinado (híbrido) de hidrólise-hidrogenação para produzir sorbitol.

°No processo de hidrogenação química hidrolítica da celulose de guza-pai em sorbitol, a influência da temperatura da experiência foi estudada no intervalo 140-220 C. °A Tabela 18 mostra que a temperatura óptima da experiência é 180 C, porque a esta temperatura obtivemos a máxima seletividade de sorbitol e rendimentos totais de sorbitol e manitol (Fig. 18).

°°A temperaturas de 140 e 160 C, a conversão de celulose (20,524,4%), a seletividade de sorbitol (11,4-14,6%) e o rendimento total (14,916,1%) são muito inferiores aos de 180 C. °Embora a temperaturas de 200-220 C a conversão da celulose guza-pai aumente significativamente (74,476,2%), observa-se uma diminuição da seletividade do sorbitol (9,1-9,8) e um rendimento total de 10,0-10,8%. Este facto é explicado pelo aparecimento de outras substâncias em solução, como os polióis com número de átomos inferior a cinco.

Tabela 18 - Efeito da temperatura da experiência no processo de hidrogenação química hidrolítica da celulose de guza-pai

№/№	°	('calor conversões,%	Seletividade do sorbitol, %	Seletividade do manitol, %	Rendimento total,%
1.	140	20,5	11,4	2,4	14,9
2.	160	24,4	14,6	2,9	16,1

3.	180	53,0	21,8	3,0	22,6
4.	200	76,2	9,8	1,3	10,8
5.	220	74,4	9,1	1,2	10,0

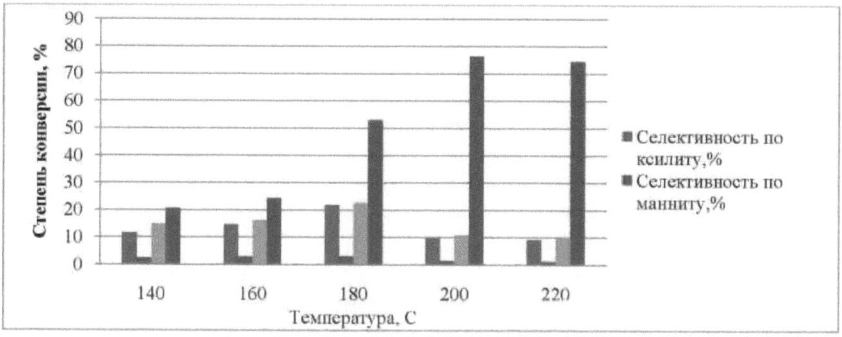

Figura 18 - Condições da experiência: 0,5 g. $_{232}$3% Ni/Al O (ΦS), 60 min, P_H =6,0 MPa,

Tabela 19 - Efeito da pressão de hidrogénio no processo de hidrogenação química hidrolítica da celulose de guza-pai

№/№	R $_{H2}$, MPa	Taxa de conversão,%	Seletividade do sorbitol, %	Seletividade do manitol, %	Rendimento total,%
1.	2,0	42,3	13,0	1,7	13,5
2.	4,0	51,6	13,5	1,8	14,2
3.	6,0	53,0	21,8	3,0	22,6
4.	8,0	76,6	18,9	2,8	31,3
5.	10,0	77,8	16.5	2,7	32,8

A influência da pressão do hidrogénio no processo de hidrogenação química hidrolítica da celulose guza-pai foi investigada na gama de 2,0 a 10,0 MPa. O quadro 19 mostra que, com o aumento da pressão do hidrogénio, o grau de conversão da celulose aumenta de 42,3 para 77,8 %. No entanto, a seletividade do sorbitol tem um máximo a uma pressão de 6,0 MPa. Ou seja, a percentagem do produto desejado - sorbitol - com o aumento da pressão de hidrogénio acima de 6,0 MPa diminui devido à formação de álcoois de cinco átomos. Este facto é expresso no crescimento do rendimento total de polióis. Assim, escolhemos 6,0 MPa como a pressão óptima (Fig.19, 20).

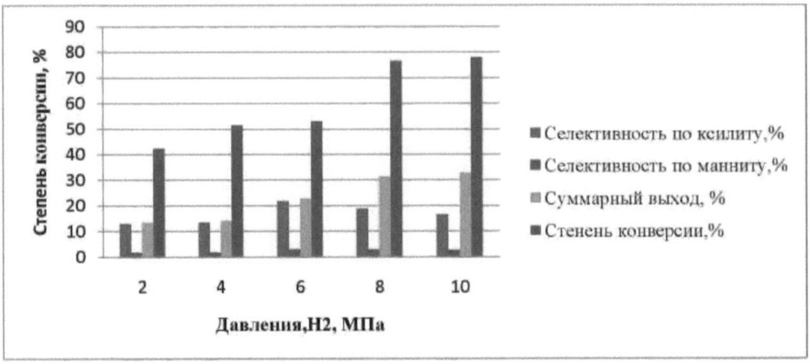

Figura 19 - Condições da experiência: 0,5 g. $_2$°3% Ni/Al o3(ΦS), 60 min, Top= 180 C

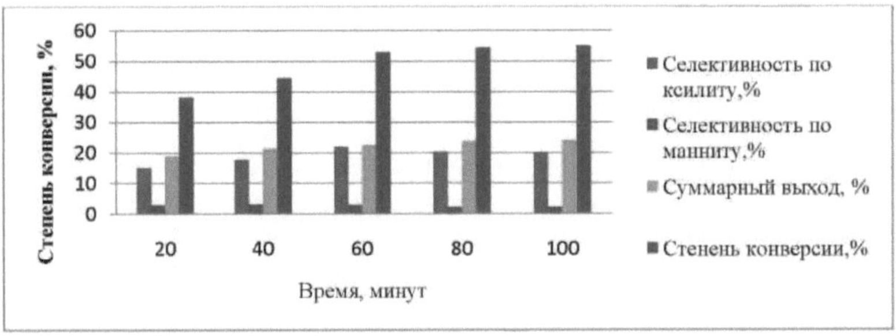

Figura 20

Como pode ser visto na Tabela 20, quando o teor de níquel no catalisador aumentou acima de 3,0 wt.%, foi observada uma diminuição no rendimento de sorbitol com um aumento simultâneo no rendimento de pentodos, tetrodos e polióis inferiores. A taxa de conversão diminuiu 9% a 5% e, em média, 21% a 7-10% de teor de níquel. A redução da percentagem de níquel para menos de 1% é indesejável porque conduz à instabilidade dos dados experimentais obtidos (Figs. 21,22 e Tabela 21).

Tabela 20 - Dependência da taxa do processo de hidrogenação química hidrolítica da celuloseguza-pai na composição do catalisador aplicado

№/№	Teor de	Taxa de	Seletividade do	Seletividade do	Rendimento

	níquel, %	conversão,%	sorbitol, %	manitol, %	total,%
1.	1,0	53,0	24,3	3,3	25,2
2.	3,0	53,0	24,3	3,3	25,2
3.	5,0	48,1	19,3	3,0	23,3
4.	7,0	42,0	18,7	3,	22,0
5.	10,0	40,5	17,5	3,0	21,3

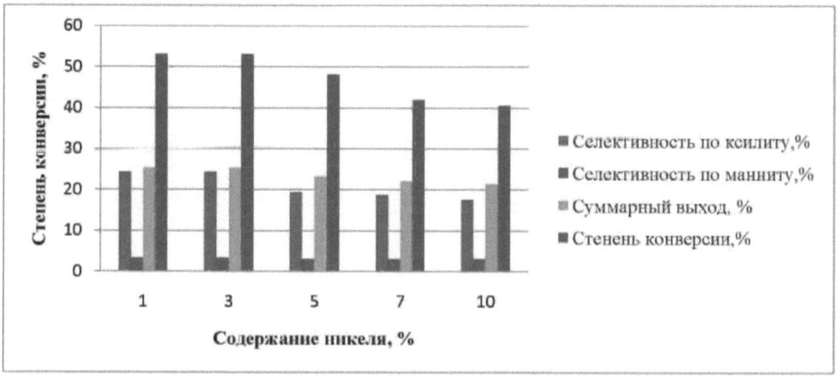

$^{O}_{2}$Figura 21 - Condições da experiência: Top= 180 C, Rn =6,0 MPa, 60 minutos

Tabela 21 - Dependência da taxa do processo de hidrogenação química hidrolítica da celuloseguza-pai da natureza do catalisador aplicado

№№	Natureza. Metal%	Taxa de conversão,%	Seletividade do sorbitol, %	Seletividade do manitol, %	Rendimento total,%
1.	Ni/Al2O3(FS)	70,0	24,3	3,3	25,2
2.	Cu/Al2O3(FS)	70,0	24,3	3,3	25,2
3.	CoMJ2O3(FS)	81,3	23,0	3,1	23,3
4.	/Al2O3(FS)	91,4	21,8	3,4	22,0
5.	/Al2O3(FS)	83,5	20,6	3,0	21,3

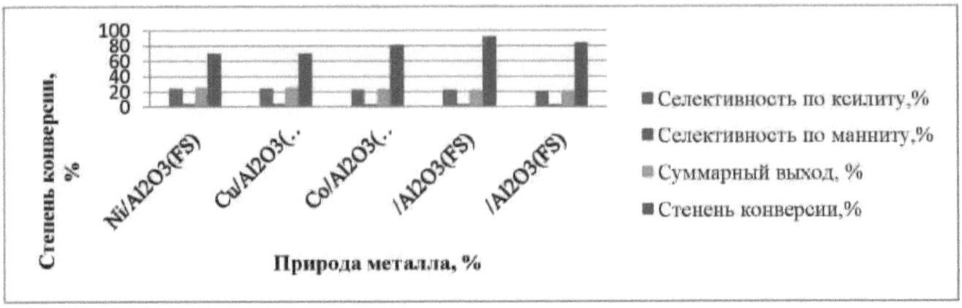

Figura 22

3.4 Investigação da cinética dos processos combinados de hidrólise hidrolítica e hidrogenação da celulose de guza-pai

$_{34}$°O processo foi realizado a uma pressão de hidrogénio de 4 -6 MPa em 0,01 - 1% de solução de H PO a uma temperatura de 60 - 100 C, duração do processo de 30 a 120 min na presença de catalisador de níquel granulado promovido por ferro-liga em suspensão.

$_{34}$Como se depreende dos dados das Figuras 23 e 24, a dependência do grau de conversão da celulose guza-pai com a concentração de H PO tem um carácter extremo, sendo o maior grau de conversão observado na concentração de ácido igual a 0,8%.

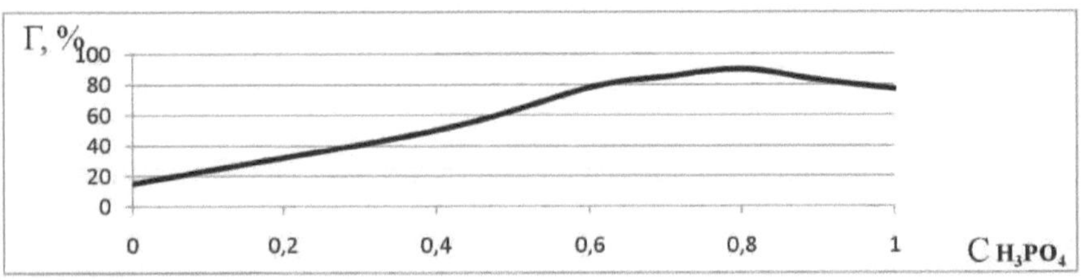

$^{0}_{2}$Figura 23 - Curvas cinéticas de hidrólise da celulose guza-pai a 100 C e Rn 4MPa

Concentrações mais pequenas de ácido são insuficientes para iniciar a auto-hidrólise, e grandes para utilizar de forma económica e tecnologicamente inoportuna, porque neste caso há uma hidrólise ácida simples, que consome ácido fosfórico, e o seu excesso impede 85

a formação livre de sorbitol.

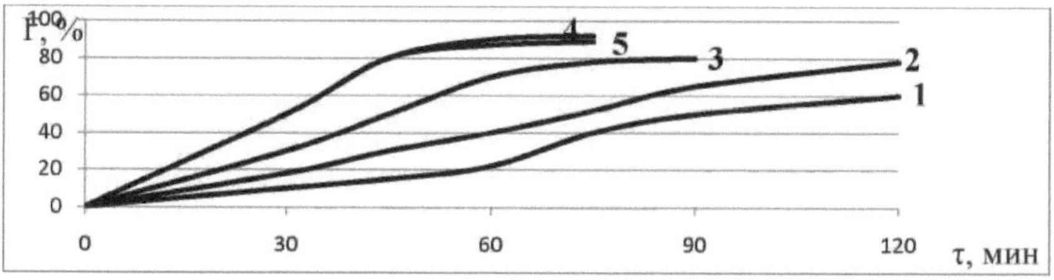

⁰Designação da curva, temperatura, C : 1-20; 2-40; 3-60; 4-80; 5-100.

2 34Figura 24 - Curvas cinéticas de hidrólise da celulose guza-pai a PH 4MPA em 0,8% H PO .

⁰Em condições de hidrólise hidrolítica conjunta e hidrogenação a pressões elevadas, é possível reduzir a temperatura do processo de 100 para 80 C, porque neste caso não só se aumenta em 2% o rendimento do sorbitol, mas também se poupa energia térmica.

Assim, foi demonstrada a possibilidade, em princípio, de desenvolver uma nova tecnologia para a produção de sorbitol a partir de celulose de guza-pai, combinando os processos de hidrólise e hidrogenação num único aparelho.

Para a síntese de catalisadores de nova geração para o processo de hidrólise química hidrolítica e hidrogenação de pellets de cerveja foram estudados os seguintes catalisadores: catalisadores de níquel-silício promovidos por ferro-liga, ferro-liga-alumínio e ferro-liga-silício. Estes catalisadores mostraram uma atividade diferente no processo em estudo, que foi avaliada pelo grau de conversão e seletividade para os polióis (Tabela 22). Durante o estudo, foi demonstrado que esta diferença se deve às propriedades estruturais e físico-químicas destes catalisadores. Foi revelado que a maior seletividade para o xilitol (19,8) e grau de conversão (75%) é caracterizada pelo catalisador de níquel promovido por ligas metálicas.A menor seletividade para o xilitol (8,8%) e o grau de conversão (43,1%) foram caracterizados pelo catalisador de cobre promovido por ligas metálicas. Em termos de atividade, estes contactos formam a seguinte série: Ni-FS>Co-FS>Cu-FS.

Tabela 22 - Dependência da taxa do processo de hidrólise química hidrolítica e hidrogenação de pellets de cerveja na natureza do catalisador de ferro-liga

№№	natureza. Metal%	Taxa de conversão,%	Seletividade do xilitol, %	Seletividade do manitol, %	Rendimento total,%
1.	Ni(FS)	75,0	19,8	2,1	21,8
2.	Cu(FS)	43,1	8,8	2,0	11,3
3.	Co(FS)	54,0	12,2	2,1	14,5
4.	/Al_2O_3(FS)	91,4	21,8	3,4	22,0
5.	/Al_2O_3(FS)	83,5	20,6	3,0	21,3

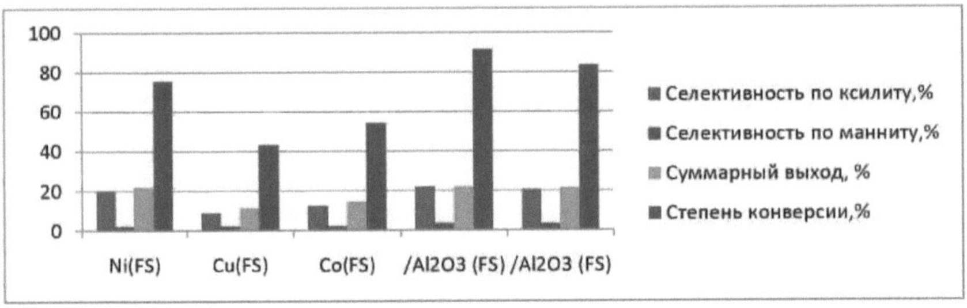

Figura 25

No processo de hidrólise hidrolítica química e enzimática e hidrogenação de pellets de cerveja e guza-paya (descrito no Capítulo 3) foram desenvolvidos e testados adicionalmente os seguintes catalisadores: catalisadores de níquel-alumínio, níquel-silício, alumínio, silício e óxido de níquel sobre alumínio, promovidos por ferro-ligas. Estes catalisadores no processo estudado mostraram uma atividade diferente, que foi avaliada pelo grau de conversão e seletividade para os polióis (Tabela 23). A tabela mostra os resultados do estudo da atividade catalítica dos catalisadores desenvolvidos no processo de hidrólise química hidrolítica e hidrogenação de pellets de cerveja. Verificou-se que a seletividade mais elevada para o xilitol (22,2%) e a taxa de conversão (77,4%) são caracterizadas pelo catalisador de níquel-silício promovido por ligas de ferro e que a seletividade mais baixa para o xilitol (19,8%) e a taxa de conversão (52,4%) são caracterizadas pelo catalisador de silício promovido por ligas de ferro. Em termos de atividade, estes contactos formam a seguinte série: Ni- Si-

FS>Ni(FS)>FS-AL>Ni/Al_2O_3(FS) >.FS-Si.

Tabela. 23 Resultados da atividade catalítica dos catalisadores desenvolvidos no processo de hidrólise química hidrolítica e hidrogenação de pellets de cerveja nos catalisadores desenvolvidos

№№	natureza. metal%	Taxa de conversão,%	Seletividade do xilitol, %	Seletividade do manitol, %	Rendimento total,%	
1.	Ni(FS)	75,0	19,8	2,1	21,8	
2.	Ni-Si-FS	77,4	22,2	2,0	24,4	
3.	FS-AL	65,3	20,3	2,0	23,7	
4.	FS-Si	52,4	21,8	3,4	22,0	
5.	≡Al_2O_3(FS)	63,5	20,6	3,0	21,3	

O objetivo ulterior da nossa investigação será determinar as propriedades físico-químicas dos contactos e identificar a correlação entre as propriedades catalíticas, de adsorção e físico-químicas, bem como estudar a cinética e o mecanismo dos processos, os cálculos quântico-químicos e a modelização, o que nos permitirá desenvolver tecnologias originais para a produção de xilitol e sorbitol, tendo em conta as exigências do caderno de encargos .

CONCLUSÃO

1 . Foi desenvolvido um processo combinado (híbrido) de uma fase para a conversão de matérias-primas e resíduos contendo hidratos de carbono (polpa de guza-paya e pellets de cerveja) em sorbitol e xilitol

2 Foi desenvolvida a tecnologia do processo de hidrólise-hidrogenação da celulose de guza-pai em sorbitol. Foram determinados os parâmetros óptimos do processo.

3 . Pela primeira vez, a tecnologia de despolimerização dos granulados de cerveja em xilitol foi fundamentada e confirmada experimentalmente.

4 . Foram estudadas as caraterísticas cinéticas do processo enzimático combinado (híbrido) de produção de sorbitol a partir de granulados de cerveja. Foram estabelecidas as condições de síntese do produto da reação próximas do teoricamente possível.

5 As tecnologias desenvolvidas de hidrólise-hidrogenação combinada (híbrida), química e enzimática, da celulose de guza-paya e dos pellets de cerveja são muito promissoras para aplicação na produção industrial de xilose e glucose, xilitol, sorbitol, alimentos vegetais à base de hidratos de carbono, bioetanol, leveduras forrageiras e proteínas alimentares.

6 De acordo com os resultados da segunda fase da investigação, existe um parceiro de negócios SHF LLP NPF "Ana zher" para implementar a tecnologia de obtenção de sorbitol e xilitol a partir de celulose guza-paya e pellet de cerveja.

O objetivo geral do projeto é a fundamentação técnica e o desenvolvimento de tecnologia para o processamento profundo de matérias-primas contendo hidrocarbonetos para a produção de xilitol e sorbitol por meio de hidrólise química e enzimática e hidrogenação de matérias-primas e resíduos vegetais contendo hidrocarbonetos, com base na utilização de um processo combinado (híbrido). Sabe-se que o processamento de matérias-primas que contêm hidrocarbonetos consiste nas seguintes fases - pré-tratamento, hidrólise e hidrogenação. De acordo com a tecnologia tradicional, é necessário realizar numerosas etapas de purificação, separação, processamento intermédio, levando a concentração dos produtos-alvo ao valor desejado. No ano em análise, desenvolvemos um processo combinado (híbrido) de hidrólise química e enzimática e hidrogenação da celulose de guza-paya e pellets de cerveja num único reator. Foram determinados os parâmetros óptimos do processo. É demonstrada a possibilidade destes processos na presença de catalisadores de nova geração desenvolvidos por nós, uma vez que os sistemas catalíticos tradicionais são ineficientes neste sentido. Os resultados da nossa investigação e as opiniões dos cientistas que trabalham neste sentido, especialmente na última década, coincidem no facto de que é necessário desenvolver uma tecnologia flexível e não pesada para o processamento de matérias-primas que contêm hidrocarbonetos e que é atualmente possível. Por isso, a ideia do nosso projeto de combinar os processos de hidrólise e hidrogenação revelou-se muito promissora para o processamento de matérias-primas que contêm hidrocarbonetos, em particular, o esmagamento de cerveja e a polpa de guza-pai. A aplicação deste esquema permitiu alcançar rendimentos muito mais elevados a custos muito mais baixos, o que mais uma vez provou a prioridade desta abordagem em relação aos processos de várias fases. Temos um parceiro de negócios para implementar este desenvolvimento na produção.

A fim de compreender plenamente os processos e os catalisadores por nós desenvolvidos, tencionamos continuar a investigar as propriedades físico-químicas dos contactos e identificar a correlação entre as propriedades catalíticas, de adsorção e físico-químicas, bem como estudar a cinética e o mecanismo dos processos, os cálculos químicos quânticos e a modelização. Isto permitir-nos-á compreender melhor a base científica e técnica dos processos combinados (híbridos).

LISTA DE REFERÊNCIAS

1. Yang P., Kobayashi H., Fukuoka A. Recent Developments in the Catalytic Conversion of Cellulose into Valuable Chemicals // Chin. J. Catal. - 2011. - Vol. 32. - P. 716 - 722.

2. Terentyeva E.P., VΛOB6HKO H.K., Pavlova E.A., Aliev P.Γ. Fundamentos da química da celulose e da madeira: manual didático e metódico / GOUVPO SPbGTURP. - SP6, 2010. - 23 c.

3. Huber G.W., IborraS.,CoπτiaA. Synthesis of transportation fuels from biomass: Chemistry, catalysts, and engineering // Chem. Rev. - 2006. - Vol. 106. - P. 4044 - 4098.

4. A. Shrotri, A. Tanksale, J. N. Beltramini, H. Gurav e S. V. Chilukuri, Catal. Sci. Technol., 2012, 2, 1852-1858.

5. Y. Zhu, Z. N. Kong, L. P. Stubbs, H. Lin, S. Shen, E. V. Anslyn e J. A. Maguire, ChemSusChem, 2010, 3, 67-70.

6. Palkovits R. Pentenoic acid pathways for cellulosic biofuels. // Angew. Chem. Int. Ed. - 2010. - Vol. 49. - No. 26.- P. 4336-4338.

7. Palkovits R., TajvidiK.,Procelewska J., Ruppert A. Efficient conversion of cellulose to sugar alcohols combining acid and hydrogenation catalysts. // De Resumos de Trabalhos, 241ª Reunião e Exposição Nacional da ACS, Anaheim, CA, Estados Unidos, 27-3 de março de 2011, CELL-240.

8. Palkovits R., TajvidiK.,Procelewska J., Rinaldi R. e Ruppert A. Hydrogenolysis of cellulose combining mineral acids and hydrogenation catalysts. // Green Chem. - 2010. - Vol. 12. - P. 972 - 978.

9. Fukuoka A. e Dhepe P. L. Conversão catalítica de celulose em álcoois de açúcar // Angew. Chem. Ed. - 2007. - Vol. 45. - P. 5161 -5163.

10. GeboersJ., S. Van de Vyver, Carpentier K., K. de Blochouse, Jacobs P. e Sels B.. Efficient catalytic conversion of concentrated cellulose feeds to hexitols with

heteropoly acids and Ru oπ carbon. // Chem. Commun. - 2010. - Vol. 46. - No. 20.- P. 3577 - 3579.

11. Geboers J., Van de Vyver S., Carpentier K., Jacobs P., Sels B.. Hidrogenação hidrolítica eficiente da celulose na presença de zeólitos carregados com Ru e quantidades vestigiais de ácido mineral. // Chem. Commun. - 2011. - Vol. 47. - P. 5590 - 5592.

12. Método de obtenção de glucose a partir de resíduos que contenham celulose RU(11) 2 346 05513) C2

13. Método de obtenção de xilitol a partir de granulados de cerveja (19) KZ (13) A4 (11) 30354

14. Palkovits R., TajvidiK., Ruppert A. M. e Procelewska J. Heteropoly acids as efficient acid catalysts in the one-step conversion of cellulose to sugar alcohols. Chem. Commun. -201 l. - Vol. 47. - P.576-578.

15. Geboers J, Van de V. Stijn, Carpentier K., Blochouse K., Jacobs P., Sels B. Divisão redutora de alimentos concentrados de celulose em hexitóis com ácidos heteropolíticos e carbono Ru op // From Preprints - American Chemical Society, Division of Petroleum Chemistry. - 201 l . - Vol. 56. - No. 1.- P. 163.

16. Glinka N.L. Química geral. Editora: Integral-Press. ISBN 589602-017-1. - 2008. - C. 571.

17. Tian J., Wang J., Zhao S., Jiang C., Zhang X. e Wang X. Hidrólise da celulose pelo ácido heteropoliácido H PW, O40- °/ Cellulose. - 2010. - Vol. 17. - P.587-594.

18. Shimizu K., Furukawa H., Kobayashi N., Itaya U. e Satsuma A. Effects of Bronsted and Lewis acidities on the activity and selectivity of heteropolyacid-based catalyst for hydrolysis of cellobiose and cellulose. // Green Chem. - 2009. - Vol. 11. - P. 627-1632.

19. Barton D. G., Soled S. L. e Iglesia E. Catalisadores ácidos baseados em óxidos de tungsténio suportados. // Top. Catal. - 1998. - Vol. 6. - P. 87-99.

20. Kozhevnikov I.V. Catalysis by Heteropoly Acids and Multicomponent Polyoxometalates in Liquid-Phase Reactions. // Chem. Rev. - 1998. - Vol. 98. - P. 171-198.

21. Catalisador para hidrólise da celulose e/ou recuperação de produtos de hidrólise da celulose e método de produção de álcoois de açúcar a partir da celulose

22. Catalisador para hidrólise da celulose e/ou recuperação de produtos de hidrólise da celulose e método de produção de álcoois de açúcar a partir da celulose

23. Método de sacarificação de matérias-primas lignocelulósicas (RU 2405838)

24. S. Van de Vyver, GeboersJ., Jacobs P. e Sels B. Avanços recentes na conversão catalítica da celulose. // Chem.Cat.Chem. - 2011. - Vol. 3. - No. 1.-P. 82-94.

25. GeboersJ., S. Van de Vyver, Carpentier K., Jacobs P. e Sels B. Hidrogenação hidrolítica da celulose com sais de césio hidrotratados de ácidos heteropolíticos e Ru/C. // Green Chem. - 2011. - Vol. 13. - P.2167- 2174.

26. Guo F., Fang Z., Xu C. S., Smith R. L. Hidrólise de biomassa mediada por ácido sólido para a produção de biocombustíveis. // Progresso em Energia e Ciência da Combustão. - 2012. - P. 1 -19.

27. Lail D., Deng L., Lil J., Liao W., Guo Q., Fu W. Hydrolysis of Cellulose into Glucose by Magnetic Solid Acid. // CheinSusChem. - 2011. - Vol. 4. - No. 1. - P.55-58.

28. Toda M., Takagaki A., Okamura M., Kondo J. N., Hayashi S., Domen K., Hara M.. Biodiesel feito com catalisador de açúcar. // Nature. - 2005. - Vol. 438. P. 178.

29. Suganuma S., Nakajima K., Kitano M., Yamaguchi D., Kato H., Hayashi S., Hara M. Hidrólise de celulose por carbono amorfo com grupos SOzH, COOH e OH. // J. Are. Chem. Soc. - 2008. - Vol. 130. - P. 12787.

30. Okamura M., Takagaki A., Toda M., Kondo J. N., Domen K., Tatsumi T., Hara M., Hayashi S. Reacções catalisadas por ácido de carbono aromático policíclico flexível em carbono amorfo. // Chem Mater. - 2006. - Vol. 18. - P. 30393045.

31. Yamaguchi D., Kitano M., Suganuma S., Nakajima K., Kato H., Hara M. J. Hidrólise de celulose por um catalisador de ácido sólido sob condições ideais de reação. // Phys. Chem. C. - 2009. - Vol. 113. - P. 3181-3188.

32. OndaA., Ochi T., Yanagisawa K. Hidrólise selectiva da celulose em glucose sobre catalisadores de ácido sólido. // Green Chem. - 2008. - Vol. 10. - P. 10331037.

33. C. Du, L. Zhou e S. Zhao, Adv. Mater. Res., 2011, 236-238,432-436.

34. S. Van de Vyver, J. Geboers, M. Dusselier, H. Schepers,T. Vosch, L. Zhang, G. Van Tendeloo, P. A. Jacobs e B. F. Sels, ChemSusChem, 2010, 3, 698-701.

35. OndaA., Ochi T., Yanagisawa K. Hidrólise selectiva de celulose em glucose sobre catalisador de carvão ativado sulfonado em condições hidrotérmicas. // Tópico. Catalysis. - 2009. - Vol. 52. - P.801-807.

36. Estirpe de fungo micelial aspergillusfoetidusbkm f 3890d - produtora de protease ácida e complexo de hidratos de carbono contendo pectinase (poligalacturonase), xilanase, p-glucanase, arabinase, galactanase, xiloglucanase, sacarase, a-l-arabinofuranosidase, p-glucosidase e amilase RU(11) 2 323 97313) C1

37. И. I. Fazliev, C. T. Minzanova, F. Y. Akhmadullina, P. 3. Musin, L. G. Mironova Perspectivas de processamento de pellets de cerveja para produção de xilose.

38. Foi desenvolvida uma tecnologia melhorada para a produção de bioetanol.

39. Dae Sung Park, Danim Yun, Tae Yong Kim, JayeonBaek, Yang Sik Yun e Jongheop Yi. Um nanocatalisador de Pt suportado por carbono mesoporoso para a conversão de lignocelulose em álcoois de açúcar/ DOI: 10.1002/cssc.201300751/2013 Wiley-VCH Verlag GmbH & Co. KGaA, WeinheimChemSusChem 2013, 6, 2281 - 2289

40. Van de VyverS., Peng L., Geboers J., Schepers H., De Clippel F., Gommes C. J., Goderis B., Jacobs P. A., Sels B. F. Sílica sulfonada/carbonnanocompósitos como novos catalisadores para a hidrólise da celulose em glucose. //Green Chem. - 2010. - Vol. 12 - P. 1560-1563.

41. Pang J., Wang A., Zheng M., Zhang T. Hidrólise da celulose em glucose sobre carbonos sulfonados a temperaturas elevadas. // ChemCommun. - 2010.- Vol. 46. - P. 6935-6937.

42. Joung Woo Han, Hyunjoo Lee, Joung Woo Han, Hyunjoo Lee .Conversão direta de celulose em sorbitol usando catalisadores dual-funcionalizados em solução aquosa neutra. CatalysisCommunications 19 (2012) 255-260

43. Takagaakkii A.,T.TaaguussaagaawwaaC.,Domen K.. Produção de glicose a partir de sacarídeos utilizando óxido de metal de transição em camadas e nanofolhas esfoliadas como catalisador de ácido sólido tolerante à água. // ChemCommun. - 2008. - P. 5363- 5365.

44. Tagusagawa C., Takagaki A., Iguchi A., Takanabe K., Kondo J. N., Ebitani K., Tatsumi T., Domen K. Síntese e Caracterização de Óxidos de Ta-W Mesoporosos como Catalisadores de Ácidos Sólidos Fortes. // Chem Mater. - 2010. - Vol. 22. - P. 3072-3078.

45. Fukuoka A.,Dhepe P. L. Conversão catalítica de celulose em álcoois de açúcar. // Angew. Chem. 2006. - Vol. 118. - P. 5285 - 5287.

46. Li R. X. Green Solvents: Synthesis and Application of lonic liquids. //China Chemical Industry Press, Pequim. - 2005. - P.298-300.

47. Zhu W., Widjaja E., Shirley L. P., Wang Z., Carpenter K., Maguire J. A., Hosmane N. S., Hawthome M. F. Troca de isótopos catalisada por nanopartículas de ruténio (0) entre núcleos 10B e llB em decaborano (14). // J. Chem. Soc 2007. - Vol. 129. - P. 6507 - 6512.

48. Método de produção de açúcares a partir de materiais que contêm celulose e hemicelulose, método de separação do ácido e dos açúcares dos líquidos obtidos por este método de produção, método de digestão dos açúcares obtidos por este método de produção e método de tratamento dos sólidos obtidos por este método de produção (RU 2144087)

49. Método de produção de etanol a partir de resíduos que contenham celulose

(variantes) e método de produção de glucose a partir de resíduos que contenham celulose (RU 2159816)

50. Tao F., Song H., Chou L. Conversão catalítica de celulose em produtos químicos em líquido iónico. // Carbohydrate Research. - 2011. - Vol. 346, Issue l. P. 58-63.

51. Rinaldi R., Palkovits R., Schuth F. Despolimerização da celulose por catalisadores sólidos em líquido iónicoAngew. Chem. - 2008. - Vol. 120. - P. 8167 - 8170.

52. DE 102008014. Patente alemã: Despolimerização de celulose por catalisadores sólidos em líquidos iónicos / Rinaldi R., Palkovits R., Schuth F. - N DE10/ 2008/014/735.42008, data de publicação internacional 12.10.2008. - 16 P.

53. Rinaldi R., Mainc J. N., J. von Stein, Palkovits R., Schfith F.Qual é o fator responsável pelo controlo da despolimerização da celulose em líquidos iónicos - Catalisador de ácido sólido ou celulose? // ChemSusChem. -2010. - Vol. 3. -P. 266276.

54. Swatloski R. P., Spear S. K., Holbrey J. D., Rogers R. D. Dissolução de Cellose com líquidos iónicos. // J. Are. Chem. Soc. -2002. - Vo1. 124. -P. 4974 - 4975.

55. Zhang H., Wu J., Zhang J., ‰J.S. 1 -Allyl-3-methylimidazolium chloride hot temperature ionic liquid: A new and powerful nonderivatising solvent for cellulose. // Macroimiolecules. 2005. - Vol. 38. - P.8272-8277.

56. WO 2012035160. Patente internacional. Hidrólise e hidrogenação simultâneas da celulose / Li J. MakkeeM.,Moulijn J. A., O'connor P., Rasser J. C., Rosheuvel A. E. - N PCT/EP2O1 l/066156, data de prioridade 17.09.2010; data de publicação internacional 22.03. 2012. - 20 P.

57. Zhu W., Kong Z. N., Stubbs L. P., Lin H., Shen S., Anslyn E. V., Maguire J. A. Conversão de Celulose em Hexitóis Catalisada por Nanopanículas de Ruténio Estabilizadas por Líquido Iónico e um Agente de Ligação Reversível. Sus. Chem. - 2010. - Vo1. 3. -P. 67 - 70.

58. Kobayashi H., Matsuhashi H., Komanoya T., Haraa K., Fukuoka A. Transferir hidrogenação de celulose para álcoois de açúcar sobre catalisadores de ruténio

suportados. // Chem. Commun. -2011. - Vol. 47. -P. 23 66 - 2368.

59. Kuznetsov, B.N. Catalytic methods in obtaining chemical products from wood biomass // Chemistry for Sustainable Development.2007, Vol. 6, P. 383-396.

60. Kazeem Bode Olanrewaju Cinética de reação da hidrólise da celulose em água subcrítica e supercrítica. Iowa. 2012

61. Yakutseni B.П., Petrova Yu.E. Problemas e prática da formação de reservas estatais de petróleo e gás // Geologia de petróleo e gás. Teoria e prática. Electron.nauchn. zhurnal.2009.No.4.

62. Azarov V.I., Burov A.V., Obolenskaya A.V. Microcrystalline cellulose. Química da madeira e polímeros sintéticos: livro didático para universidades. São Petersburgo, 1999. C.578-579.

63. Petropavlovskiy G. A., Kotelnikova H. E. Celulose microcristalina: uma revisão / Química da Madeira.1979. №6 C. 3-21.

64. Schneider E.E. Hydrolysis production//ref. Sbornik. 1972. № 8. C.10 - 15

65. Corma A., Iborra S., Velty A. Rotas químicas para a transformação de biomassa em produtos químicos // Chem Rev.2007.Vol. 107.P. 2411 - 2502.

66. GalbraichL.S.Derivados de celulose//Sorosovsky obrazovatel'nyjournal.1996.№11.C.47-53.

67. Fengel D., Wegener G. Madeira (química, ultra-estrutura, reacções). M.: Lesnaya Promyshlennaya Industriya, 1988.512 p.

68. JianrongLi, HelenaS. M. P. Soares, JacobA. MoulijnandMichielMakkee. Hidrólise e hidrogenação simultâneas de celobiose a sorbitol em meio de hidrato de sal fundido. Catalysis Science & Technology/ This journal is c The Royal Society of Chemistry 2013 Catal. Sci. Technol., 2013, 3, 1565-1572

69. Ning Yan, Chen Zhao, Chen Luo, Paul J. Dyson, Haichao Liu e Yuan Kou Conversão numa só etapa de celobiose em C6-álcoois utilizando um catalisador de nanoaglomerado de ruténio. C O M U N I C A Ç Õ E S J. AM. CHEM. SOC. 9 VOL.

128, NO. 27, 2006 8715 Publicado na Web em 20/06/2006

70. Joung Woo Han, Hyunjoo Lee, Joung Woo Han, Hyunjoo Lee .Conversão direta de celulose em sorbitol usando catalisadores dual-funcionalizados em solução aquosa neutra. Catalysis Communications 19 (2012) 115-118

71. Jianrong Li, Helena S. M. P. Soares, Jacob A. Moulijn e MichielMakkee. Hidrólise e hidrogenação simultâneas de celobiose a sorbitol em meio de hidrato de sal fundido. Catalysis Science & Technology/ This journal is c The Royal Society of Chemistry 2013 Catal. Sci. Technol., 2013, 3, 1565-1572

72. H.H. Trofimova, V.A. Babkin Study of acid hydrolysis of larch wood polysaccharides for obtaining crystalline glucose Química das matérias-primas vegetais. 2009. №3. C. 31-37.

73. Outlov S. A., Bazarnova HT., Kushnir E. Yu. Celulase microcristalina: estrutura, propriedades e aplicações (revisão) // Química de matérias-primas vegetais. 2013. №3.C.33-41.

74. 4 .ArdizzoneS., DioguardiF.S., MussiniT. ,MussiniP.R.,RondininiS.,VercelliB.,VertovaA.Microcrystallinecellulosepowders:structure,surface features and water sorption capability // Cellulose. 1999. Vol, 6. N1.P. 57-69.

75. Avanços em Química e Tecnologia Química. Vol. XXIX. 2015. № 7O.V. Manaenkov, O.V. Kislitsa, A.E. Filatova/ Catalisadores baseados em sps para hidrogenação hidrolítica de celulose

76. Ning Yan, Chen Zhao, Chen Luo, Paul J. Dyson, Haichao Liu e Yuan Kou Conversão numa só etapa de celobiose em C6-álcoois utilizando um catalisador de nanoaglomerado de ruténio. C O M U N I C A Ç Õ E S J. AM. CHEM. SOC. 9 VOL. 128, NO. 27, 2006 8715 Publicado na Web em 20/06/2006

77. O.V. Manaenkov, O.V. Kislitsa, A.E. Filatova / Catalisadores à base de Sps para hidrogenação hidrolítica da celulose

78. Torpolov M.A., Tarabukin D.V., Frolova S.V., Shcherbakova T.P., Volodin V.V.

Hidrólise enzimática de celuloses em pó obtidas por diferentes métodos. // Química das matérias-primas vegetais. 2007. №3. C. 69-76.

79. Budayeva V.V., Mitrofanov R.Yu., Zolotukhin V.N., Obrezkova M.V., Skiba E.A., Ilyasov S.G., Sakovich G.V., Oparina L.A., Vysotskaya O.V., Kolyvanov N.A., Gusarova N.K., Trofimov B.A. Formas de processamento completo e ambientalmente amigável de matérias-primas vegetais renováveis // Boletim Polzunov.2010.№ 4-1.P. 158 - 167.

80. Método de conversão catalítica da celulose em hexitóis (RU 2497800)

81. Vratislav T. Hidrogenação da glucose num reator de leito fluidificado // Collection of Czechoslovak Chemical Communication. 1997. V. 62. pp. 1423 - 1428.

82. Sabine S., Catherine L., Peter C. Catalisadores de Ni/Si02 preparados com precursores de níquel etilenodiamina: Influência do pré-tratamento nas propriedades catalíticas na hidrogenação da glucose // Applied Catalysis, A: General. 2007. V. 318. pp. 45-53.

83. Subramani V. e Gangwal S. K. Hidrogenação de glicose a sorbitol sobre catalisador de nanopartículas de Ni7A^Os // Sociedade Norte-Americana de Catálise (NACS) - 20º Encontro Norte-Americano (NAM). 2007.

84. Velu S., Gangval S.K. e Nelson T.O. Catalisadores de hidrogenação de níquel altamente dispersos e método de fabrico dos mesmos. 2006. Patente US No. 60849479.

85. Kusserow B., Schimpf S., Glaus P. Hidrogenação da glicose em sorbitol sobre catalisadores de níquel e ruténio // Adv. Synth. Catal. 2003. V. 345. pp. 289299.

86. Valange S., Barrault J., Derouault A., Gabelica Z. Mesofases binárias Cu-Al precursoras de partículas de cobre de tamanho uniforme altamente dispersas em alumina mesoporosa // Micropor. Mesopor.Mater. 2001. V. 44 - 45. pp. 211 -220.

87. Joung Woo Han, Hyunjoo Lee, Joung Woo Han, Hyunjoo Lee .Conversão direta de celulose em sorbitol usando catalisadores dual-funcionalizados em solução aquosa neutra. Catalysis Communications 19 (2012) 115-118

88. Qiying Liu, Jin Tan, ChiliuCai, Longlong Ma, e TiejunWang .Enhanced Sugar Alcohol Production from Cellulose by Pretreatment with Mixed Ball-Milling and Solid Acids. BIORESOURCES.COM.

89. Dechhamp N., Gamez A., Pezzard A., Gallezot P. Cinética da hidrogenação da glucose num reator de leito fluidizado // Catalysis Today. 1995. V. 24. pp. 29 - 34.

90. Guo A., Li H., Zhu J., Ye W., Qiao M., Dai W. Hidrogenação de glucose em fase líquida para d-glucitol sobre um catalisador de liga amorfa Ru-B ultrafme // Journal of Molecular Catalysis A: Chemical. 2003. V. 200. pp. 213-221.

91. Li H., Li H., Jing-Fa D. Hidrogenação de glicose sobre catalisador de liga de Ni - B/Si02 amoφhous e o efeito promotor de dopantes metálicos // Catalysis Today. 2002. V. 74. pp. 53-63.

92. Li H., Wang W., Deng J.-F. Hidrogenação da glicose em sorbitol sobre um catalisador de liga amorfa Ni-P esquelética (Raney Ni-P) // J. Geophys. Catal. 2000. V. 191. pp. 257 - 260.

93. Gallezot P., Cerino P.J., Blanc B., Fleche G., Fuerters P. Hidrogenação da glucose em catalisadores promovidos de raney-níquel // J. Catal. Catal. 1994. V. 146. pp. 93 - 102.

94. Wisniak J., Simon R. Hydrogenation of Glucose, Fructose, and Their Mixtures // Ind. Eng. Chem. Prod. Res. Dew. 1979. V. 18. pp. 50 - 57.

95. Perrard A., Gallezot P., Joly J.-P. Catalisadores metálicos altamente eficientes suportados em panos de carvão ativado: uma aplicação catalítica para a hidrogenação de D-glucose em D-sorbitol // App. Cat. A: Geral. 2007. V. 331. pp. 100- 104.

96. Método de obtenção de xilose e celulose para processamento químico

97. Método de hidrólise de material fibroso vegetal para produzir e isolar um sacarídeo que inclui glucose

98. Titulares da patente RU 2461633

99. Método de obtenção do xilitol a partir de uma solução aquosa de xilose

100. H. Kobayashi, Y. Ito, T. Komanoya, Y. Hosaka, P. L. Dhepe,K. Kasai, K. Hara e A. Fukuoka, Green Chem, 2011, 13,326-333.

101. R. Palkovits, K. Tajvidi, A. M. Ruppert e J. Procelewska,Chem. Commun, 2011, 47, 576-578.

102. B. W. Hoffer, E. Crezee, P. R. M. Mooijman, A. D. vanLangeveld, F. Kapteijn e J. A. Moulijn, Catal. Today,2003, 79-80, 35-41.

103. P. Gallezot, N. Nicolaus, G. Fleche, P. Fuertes, andPerrard, J. Catal., 1998, 180, 51-55.

104. H. Wang, L. Zhu, S. Peng, F. Peng, H. Yu e J. Yang, Renewable Energy, 2012, 37, 192-196.

105. W. Deng, X. Tan, W. Fang, Q. Zhang e Y. Wang, Catal.Lett., 2009, 133, 167-174.

106. J. Geboers, S. Van de Vyver, K. Carpentier, P. Jacobs e B. Sels, Chem. Commun., 2011, 47, 5590-5592.

MIX
Papier aus verantwortungsvollen Quellen
Paper from responsible sources
FSC® C105338

FSC
www.fsc.org

Printed by Books on Demand GmbH, Norderstedt / Germany